零基础

窗帘设计制作安装
图解教程

筑美设计 / 编

U0261431

中国电力出版社
CHINA ELECTRIC POWER PRESS

内 容 提 要

　　本书以图解的形式为读者介绍了窗帘的相关知识，讲述窗帘帘头、窗帘安装、窗帘制作及窗帘选购与保养等，书中就窗帘的安装列举了一系列案例，方便读者快速地了解窗帘，并能迅速获取其中的知识。本书是一本面向室内设计、窗饰设计、软装设计等有关专业关于窗帘设计的教学指导图书，同时也可供相关窗饰设计人员、窗帘店主以及广大读者使用或参考。

图书在版编目（CIP）数据

　　零基础窗帘设计制作安装图解教程／筑美设计编 . — 北京 ：中国电力
出版社，2019.9
　　ISBN 978-7-5198-3389-3

　　Ⅰ . ①零…　Ⅱ . ①筑…　Ⅲ . ①窗帘－室内装饰设计－图解②窗帘－
制作－图解③窗帘－安装－图解　Ⅳ . ① TU238.2-64 ② TS941.75-64

　　中国版本图书馆 CIP 数据核字（2019）第 141789 号

出版发行：中国电力出版社
地　　　址：北京市东城区北京站西街 19 号（邮政编码 100005）
网　　　址：http://www.cepp.sgcc.com.cn
责任编辑：乐　苑　（010-63412380）
责任校对：黄　蓓　郝军燕
责任印制：杨晓东

印　　刷：北京博海升彩色印刷有限公司
版　　次：2019 年 9 月第 1 版
印　　次：2019 年 9 月北京第 1 次印刷
开　　本：710mm×1000mm　16 开本
印　　张：14.75
字　　数：225 千字
定　　价：78.00 元

前　言

　　经济的发展不仅加快了城市化的进程，同时公众的审美观也得到了有效提升，对于窗帘的美观性及实用性要求相应的也会更高，与此同时，窗帘的制作成本也随之增加，由于窗帘的样式繁多，因此窗帘制作工艺的更新也迫在眉睫。

　　布艺从简单的窗帘、床上用品、坐垫等单一产品延伸到一个完整的系列。崇尚清新自然主义的田园风格是布艺窗帘的一大潮流，田园风格大多取自自然的元素，强调从都市回归田园的那种恬静和自在的感觉。传统风格抽象大气，充满东方意境的民族元素近年来在国际展会上大放异彩。仿古家居也是近年来很受欢迎的家居风格，因此为传统中式风格布艺提供了很好的发挥空间。都市情调简单奢华，多层布艺装饰会通过材质的对比，找到一种平衡，摒弃了过于复杂的肌理和装饰，造型线条也更为流畅和大气。

　　目前市面上出版的窗帘相关书籍较少，公众对于窗帘的风格，窗帘的不同面料，窗帘的不同制作方法以及窗帘的帘头、褶皱样式等都不是很了解，因此成品窗帘如何选购也是目前比较大的一个问题。现在市场上比较流行的多是都市风格以及小清新风格的窗帘，受到公众的普遍欢迎，当然，其他风格的窗帘目前也有使用。

　　本书全面介绍了关于窗帘的一系列知识，从窗帘的风格介绍，样品选择到窗帘的制作与安装，图文并茂。具体包括窗帘的基础知识、品类丰富的面料、制作窗帘前的准备、手把手教你制作窗帘、常见的工字褶帘头，以及创意十足的个性化帘头、窗帘的选购方法、深入解读窗帘安装、窗帘要定期维护保养等内容。书中配备了大量的矢量图和彩图，读者可以快速地了解窗帘的知识，并学以致用。

　　本书编写者如下：黄溜、万丹、汤留泉、董豪鹏、曾庆平、杨清、万阳、张慧娟、彭尚刚、张达、童蒙、柯玲玲、李文琪、金露、张泽安、湛慧、万财荣、杨小云、吴翰、董雪、丁嘉慧、黄缘、刘洪宇、张风涛、杜颖辉、肖洁茜、谭俊洁、

程明、彭子宜、李紫瑶、王灵毓、李婧妤、张伟东、聂雨洁、于晓萱、宋秀芳、蔡铭、毛颖、任瑜景、吕静、赵银洁。感谢他们提供各种资料，在此表示感谢。

作者

2019.7

目 录 .... >>>

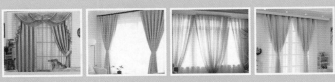

Chapter 1
从基础了解窗帘

学习难度： ★★☆☆☆

重点概念： 风格、搭配、样品

章节导读： 窗帘，作为室内必需品，首先它必须得具备实用性，其次还需具备功能性和观赏性。全方面了解窗帘能够帮助使用者选购更合适的窗帘。同时，不同材质和色彩的窗帘适用于不同的室内环境，所营造的室内氛围也不同，与之搭配的软装配饰也需有所改变。

1.1 初步了解窗帘

　　窗帘的历史由来已久，古时候由于布料相对较昂贵，人们多使用纸或草、竹等制作窗帘，其中竹质的窗帘质量相对较好，这类窗帘制作工艺简单，无甚美观性，仅仅起到遮阳挡风的效果。

　　随着科技的飞速发展，如今制作窗帘的材料与以往有所不同，不仅在帘布的材质上有了质的突破，同时窗帘的功能性和审美性也得到了很大的提升，例如使用铝合金、木片、无纺布、印花布、染色布、色织布、提花印布及广告布等制作而成的窗帘，各类具备阻燃、节能、吸声、隔声、抗菌、防霉、防尘、防水、防油、防污及防静电等不同功能的窗帘。

↑ 竹质窗帘

竹质窗帘安装在户外时因长时间受雨水冲刷，很容易被腐蚀，且自身质量较重，多次开合对其使用寿命影响较大。

↑ 阻燃面料

由阻燃面料制作而成的阻燃窗帘具备良好的阻燃功能，用于室内可以很好地防火减灾。

←真丝窗帘

真丝窗帘能够很好地遮挡紫外线，避免阳光对人体皮肤的伤害，需注意的是在日光照射下，真丝窗帘极易泛黄，应于日常使用中多加保养。

1.1.1 依据布料选择窗帘

由不同材质和不同工艺制作而成的窗帘布料，在功能性和观赏性上均有不同，具体可参考表1-1来查阅窗帘布艺分类的不同，以便选择适合的窗帘。

表1-1 部分窗帘布艺分类

类别	图示	释义	特点
印花布		印花布是在素色胚布上用转移或圆网的方式印上色彩、图案的一种布料	印花布具有艳丽的色彩和丰富、细腻的花纹图案
染色布		染色布是在白色胚布上染上单一的颜色的一种布料	染色布一般具有比较素雅和自然的色彩
色织布		色织布是根据图案需要，先将纱布分类染色，再经交织拼接成色彩图案的一种布料	色织布特殊的制作工艺使其具备比较强的色牢度，且纹路十分鲜明
提花印布		提花印布是将提花和印花两种工艺结合在一起的一种布料	提花印布具有丰富、柔和的色彩，质量较好
遮阳布		遮阳布一般用来遮盖物品	遮阳布可有效避免与强光的接触，可隔寒、隔热，同时具备很好的私密性

★ **窗帘小知识**

花位

花位指花型的回头尺寸，有回头的花型会增加窗帘的用料量。

　　随着网络的飞速发展，消费者的环保意识也不断增强，关于美的看法也与以往不同，室内空间中所使用的窗帘不仅反映了使用者的生活品位，同时也体现了使用者的生活习惯和审美观。设计美观且简约高雅的窗帘，不仅可以为室内空间锦上添花，也能为使用者带来美好、放松的心情。

↑窗帘搭配−材质

由白纱和棉布组合而成的双层窗帘不仅可以很好地阻拦紫外线，同时素雅的色调也能渲染室内气氛，使室内不至于太过沉闷。

↑窗帘搭配−色彩

浅色系的窗帘可以很好地减弱深色的家具和墙面带来的压抑感，同时也能为室内增添活泼之感。

↑现代简约风格窗帘

现代简约风格的窗帘样式时尚、配色简单，目前选用频次较多。

↑欧式田园风格窗帘

欧式田园风格的窗帘适用于面积较大的室内空间，花纹细腻，配色复杂。

1.1.2 了解窗帘的不同功能

了解窗帘不同的功能能够有助于更好地进行窗帘材质的选择以及窗帘样式的设计，这对于后期窗帘的选购也大有益处。

1. 保护隐私的功能

室内不同的区域，对于隐私度的要求也不同。客厅属于公共活动区域，人流量较大，私密性要求较低，客厅窗帘更多的是以装饰性为主；而卧室、洗手间等区域，属于比较私密的区域，对隐私度的要求非常高。

←能保护隐私的窗帘

由厚质布料制作而成的窗帘能够较好地保护隐私，一般多用于卧室，但要注意窗帘色彩不宜过深。

2. 装饰功能

窗帘所具备的装饰功能在一定程度上可以起到画龙点睛的作用，同时合适的窗帘还能提升空间格调，强化室内空间的美感，使其更有个性。

←具备装饰性的窗帘

窗帘的装饰性主要体现在布料的色彩及图案上，窗帘表面精美的花纹及千变万化的色彩均极大地丰富了室内空间。

3. 吸音降噪的功能

声波是通过直线传播的，玻璃窗户具有比较高的声波反射率，而安装适当厚度的窗帘，则可有效改善室内音响的混响效果。

←具备吸音降噪功能的窗帘

质地较厚重的窗帘可以有效吸收部分来自室外的噪声，同时也能改善室内的声音环境，给予使用者更多的舒适感。

4. 阻燃抗菌的功能

儿童房因使用人群的原因，所选择的窗帘需要具备抗菌和阻燃的功能，在选用窗帘时要选择用阻燃材料制作的窗帘，并要确保其制作成品符合国家阻燃标准以及环保要求。

↑卫生间窗帘

卫生间由于潮气较重，容易滋生细菌，因此建议选择铝百叶帘，既易于清洗，放卷便利，同时也能兼具隔热、防腐、防水及透气等功能。

↑儿童房窗帘

儿童房多选择浅色系或表面富有图案的窗帘，同时窗帘制作多使用透气性佳、隔热性好、阻燃性强的布料为主。

1.2 百变的窗帘风格

　　室内装饰的风格有很多种，窗帘与空间风格密切相关，不同的室内装饰风格，对应不同的色彩、材质、功能，而窗帘的风格不同，具备的特色和功能不同，款式自然也是千变万化的。

↑混搭窗帘

不同颜色和材质的窗帘混搭在一起，既能有效缓解多层窗帘的沉闷感，也能赋予窗帘整体更强的层次感。

↑涤纶面料制成的窗帘

由涤纶面料制作而成的窗帘具备较强的耐水性，保色性也十分不错，且色泽鲜明，耐刮划，不缩水。

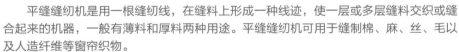

★窗帘小知识

平缝缝纫机

　　平缝缝纫机是用一根缝纫线，在缝料上形成一种线迹，使一层或多层缝料交织或缝合起来的机器，一般有薄料和厚料两种用途。平缝缝纫机可用于缝制棉、麻、丝、毛以及人造纤维等窗帘织物。

　　使用平缝缝纫机时需注意座位高低应调整至合适位置，一般以使用者坐于位置上时双手可自然放置于缝纫机台版上为合适位置。此外，缝纫时坐姿需端正，使用者臀部一般应坐在凳面的 2/3 的位置，以保证可以舒适且正确地进行缝纫工作。

　　在使用平缝缝纫机之前，可多多进行空机练习，以达到熟练掌握的目的，同时，对于缝型缝料的基本数量，缝型缝料的相对位置以及缝型缝料的边缘为无限或有限需做一个具体的了解，以便操作。

1.2.1 常见的窗帘风格

1. 现代简约风窗帘

现代简约风格的窗帘造型设计比较简单，多具备一定的功能性和简约的装饰性，设计主张简洁与实用，这种风格的窗帘极具现代气息，同时还具备独特的个性，主体色调多以白色为主，深色或其他自然色系为辅。

↑现代简约风窗帘

现代简约风格的窗帘主要追求一种对比强烈的视觉效果，通过一两个非常明亮的点缀色来突出亮丽的色调，使之形成细节醒目、总体和谐的特色。

↑现代简约风窗帘款式

现代简约风格的窗帘款式比较简单，主要使用彩色或银色鸡眼、包扣、直线形的包边或是简单的布料来进行拼接工艺。

2. 地中海风窗帘

地中海风格的窗帘讲究与自然相结合，主体色调以蓝色为主，其他浅色相似色调为辅，这种色调的搭配，能够给人以清新感，在选择原料布时通常选用质地较轻薄的纱质或麻质布料。

←地中海风格的窗帘

地中海风格的窗帘多以蓝色、白色、黄色为主，这种色调能赋予整体室内空间更 明亮清新的感觉。

3. 美式田园风窗帘

美式田园风格的窗帘多以花卉图案为主，属于亲近自然系列，制作窗帘的原料布多选用手感舒适和透气性良好的棉麻材质布料。美式田园风格更多的是体现一种务实、规范、成熟的特点，在一定程度上它可以体现居住者的品位、爱好以及居住者的生活价值观等。

↑美式田园风窗帘

美式田园风格的窗帘线条比较简单、随意，但又不失干净和干练感，样式适合打理，能够很好地满足现代人日常生活的需要。

↑手工纺织的呢料

美式田园风格的窗帘原料布的选材范围比较广泛，例如印花布、手工纺织的呢料、麻织物等都在其选择范围内。

←美式田园风格窗帘色彩与应用

美式田园风格的窗帘多以自然色调为主色调，例如淡雅的板岩色和古董白或酒红色和墨绿色等，一般白领人士更喜欢选择这种风格的窗帘。

4. 欧式田园风窗帘

欧式田园风格的窗帘主要以浓烈的色彩来凸显整体室内空间的华丽与奢华感，多以偏深色系为主色调，在设计时也会使用蕾丝、金线或者金边来进行窗帘的局部装饰。

←欧式田园风格的窗帘

欧式田园风格的窗帘款式比较复杂，多利用色彩的渲染来体现雍容华贵的奢侈感，同时窗帘整体也会给人浪漫的感觉。

5. 新中式风窗帘

新中式风格的窗帘更多地会利用后现代手法来表现古典与现代相结合的特点，新 中式风格的窗帘多选用比较素净的颜色，所选择的颜色仍然能够体现出中式的古朴。这种新中式风格的窗帘能使整个室内空间显得更时代化，既能在传统中传递出现代信息，同时又能在现代中完美糅合古典，我们可以从其材质、线条、色彩的搭配来选择窗帘。

←新中式风格的窗帘

新中式风格的窗帘对材质要求比较高，细腻的材质能够更好地凸显窗帘特色，同时也能使整个空间充满古典的氛围，且不脱离时代的轨道，很符合现代人们居住的要求。

6. 韩式窗帘

韩式风格的窗帘一般会选择比较含蓄淡雅的色调，例如粉色、咖啡色及米色，白色在韩式风格的窗帘中也会有使用，由于地域和生活习惯的原因，韩式风格的窗帘很好 地传递了韩国的特色，在设计窗帘时会更多地选用小碎花图案。

←韩式风格的窗帘

韩式风格的窗帘所使用的小碎花可以很好地打破色彩的单调感，能够赋予整体室内空间更新鲜的气息，同时也能使整体室内空间更显温馨。

7. 日式窗帘

日式风格的窗帘设计比较偏东南亚风格，因而会更多地采用方格布艺来表现窗帘的清新与创意感，其发展至今，也在原有的基础上与其他风格有所结合。

日式风格的窗帘在选择窗帘的原料布时更多地会注意其材质的自然质感，线条设计比较清晰，透露出优雅的气息，在设计时，会在窗帘的局部区域加以小碎花点缀，使得整体窗帘设计不至于太过死板。

←日式风格的窗帘

日式风格的窗帘秉承日本传统美学，在设计时更多地会表现素材的过滤空间效果，这种过滤的空间效果能够给人一种冷静、光滑的视觉感。

1.2.2 不同的窗帘款式

窗帘的不同风格对应着不同的款式，一般可依据窗帘结构的不同、采光的不同、形式的不同以及长度的不同来对窗帘进行具体的划分。

1. 按结构划分

窗帘按照结构可以分为简易式窗帘、导轨式窗帘和盒式窗帘三种，其中导轨式窗帘使用频率较高，盒式窗帘适合层高比较大的空间。

↑简易式窗帘

简易式窗帘一般是滑轨式，安装方便，造型简单，价格相对也比较便宜，目前使用频次较高。

↑导轨式窗帘

导轨式窗帘使用比较方便，也不易损坏，整体装饰效果比较好，轨道选择样式也很丰富。

←盒式窗帘

盒式窗帘没有安装窗帘杆，且窗帘盒可依据窗帘的尺寸大小进行调节，灵活性比较高，同时也具有一定的观赏性。

2. 按采光划分

　　窗帘按照采光度的不同可以分为透光窗帘、半透光窗帘及不透光窗帘三种，在选购时除了考虑个人喜好外，还要选择适合使用空间的窗帘，例如卧室适合选用不透光窗帘，这也是为了保证能够达到优质的睡眠质量。

↑透光窗帘

纱帘属于典型的透光窗帘，在具备透光性的同时还兼具保护隐私的功能，同时纱帘还自带美感，装饰性很强。

↑半透光窗帘

单向透视窗帘对可见光具有很高的反射率，适用于卧室、洗手间以及大型会议室等对隐私性有一定要求的区域。

←不透光窗帘

不透光窗帘具备良好的遮光性，同时还能有效保护隐私，一般使用质地比较厚重的布料制作而成。

3. 按形式划分

窗帘按照形式可以分为普通帘、升降帘和罗马杆窗帘三种。普通帘适用于盒式窗帘，可以配备帘眉，隐蔽轨道；升降帘可以根据光线的强弱来调节窗帘的升降；马杆窗帘装饰性比较强，一般安装在没有窗盒的窗户上。

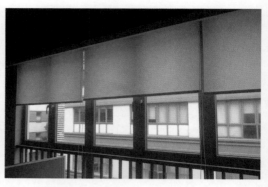

↑普通窗帘

普通窗帘一般多指使用比较频繁的落地帘，造型简单，色彩容易搭配，且装饰性强，可以很好地丰富空间形式。

↑升降窗帘

升降窗帘灵活性比较高，可以自由调节透光度，多用于书房、卫生间等区域，也有部分办公区域会使用升降帘。

←罗马杆窗帘

罗马杆窗帘安装也十分简单，且实用性较强，多用于落地窗，给人的感觉十分大气，同时样式也比较美观，但需注意对于面积较小的房间，应尽量不选择较大的罗马杆窗帘。

4. 按长度划分

窗帘按照长度还可以分为落地窗帘、飘窗窗帘、半截窗帘和高帘四种。除此之外，按照功能还可分为隔热保温窗帘、防紫外线窗帘、单向透视窗帘、卷帘、遮阳帘及隔声帘等。

↑ 落地窗帘

落地窗帘一般用在客厅，安装在落地玻璃的大窗户上，面积较大的卧室和书房也可使用落地窗帘，这样空间会更显大气。

↑ 飘窗窗帘

飘窗窗帘属于港式造型，适用于窗台较宽的窗户，一般出现在卧室，多以可隐藏轨道的窗帘为主。

↑ 半截窗帘

半截窗帘会根据窗型及窗户大小来设计，一般以窗帘下摆超过窗台 200 ~ 300mm 左右又不会触碰到地面为佳。

↑ 高帘

高帘适用于 3000mm 以上的高层、高空间的窗户，一般多出现在办公区域，部分面积较大的别墅空间中也会使用这种窗帘。

1.3 巧妙搭配窗帘

　　窗帘属于软装中的附属装饰品，选购窗帘之前需要先确定室内空间的装饰风格、家具款式以及空间色彩等，然后才可以此作为参照来选择合适的窗帘。

1.3.1 不同风格窗帘的搭配

1. 现代简约风

　　现代简约的装饰风格比较重视室内空间的使用效能，主张废弃多余的、烦琐的装饰，使室内空间显得简洁、明快，因此在进行窗帘搭配时尽量不要掺加多余的小配饰，在款式方面，窗帘建议选择双层落地、满墙的形式，这样在视觉上可以起到拉伸空间的作用，也会显得比较大气，还可选择纯棉布、麻、丝等材质的布料，能给人时尚、简单、大气的感觉。

↑ 现代简约风窗帘－绑带搭配　　↑ 现代简约风窗帘－帘头搭配

左：现代简约风格可以选择固定式绑带的窗帘，造型比较简洁，同时具有一定的装饰性，可以随意搭配与之配套的绑带。

右：现代简约风格还可以选择带有帘头的窗帘，这种帘头的装饰效果很好，可以遮挡比较粗糙的窗帘轨道及窗帘顶部的空当，增强室内空间的美观性。

★ 窗帘小知识

窗帘面料

　　窗帘的面料质地有纯棉、麻、涤纶、真丝等，棉质面料质地柔软、手感好；麻质面料垂感好，纹理感强；真丝面料高贵、华丽、飘逸、层次感强。制作窗帘时也可以利用这几种面料进行混织。

2. 地中海风格

地中海装饰风格主要有三种典型的标准色系，即蓝与白，黄、蓝紫与绿的明亮组合以及浓厚的土黄、红褐色调，在进行窗帘搭配时应以这三种色系为标准，例如可以选择天蓝色或者大海色的窗帘配以亮色的小窗帘穗，这样既能起到综合色系的作用，同时也能很好地装饰室内空间。

在进行窗帘的搭配时还可以依据家具的颜色来选择窗帘的颜色，但要注意窗帘与家具之间的对比色不能过重，要明确窗帘主要是起辅助搭配作用的。此外，地中海装饰风格比较偏自然化，建议选择带有自然元素的蝴蝶结绑带。

↑地中海风格窗帘－面料搭配

↑地中海风格窗帘－色彩搭配

地中海装饰风格可以选择纱质的窗帘，蓝色的窗帘能够带给人海风迎面吹拂的感觉，且纱质的窗帘质地较轻，能体现较清新的感觉。

为了避免单调，还可选择蓝白混合的窗帘来进行色彩的中和，这类窗帘既能体现地中海装饰风格的特色，同时也能满足日常所需。

★窗帘小问答

Q：如何选择合适的卧室窗帘？

A：选购卧室窗帘时，风格要根据装修的风格来定。由于卧室对隐私性要求很高，在选择窗帘时应选择厚实，颜色略深，遮光性强的窗帘，同时为了保证睡眠的质量，卧室窗帘还应具备吸音防噪的功能，建议选择质地以植绒、棉、麻为主的窗帘。

除此之外，要保证睡眠质量达到优质的状态，卧室应该处于一个温和、闲适、愉悦、宁静的氛围，因此卧室窗帘宜选用比较素雅的颜色，这样会显得比较恬静，例如米灰色、淡蓝色等都可列入选择之中，不建议选择纯红、橘红、柠檬黄以及草绿等颜色，这些色系过于亮丽，属于兴奋型颜色。

3. 美式田园风格

美式田园风格所选用的都是自然元素，小碎花在其设计中多有运用到，因此美式田园风格的窗帘在搭配时也要和它的风格特色相结合。美式田园风格充满梦幻色彩，所选择的窗帘通常也应以小碎花为主，同时以装饰性的窗幔或蝴蝶结为辅。

←美式田园风格窗帘 – 图案搭配

美式田园风格的窗帘还可以选择同色系格子布或者是素布与小碎花相搭配，这种不同图案的搭配会使得室内空间更显浪漫感。

4. 欧式风格

欧式风格比较讲究，一般与室内空间搭配的窗帘要精致、华丽、富贵。色彩一般可选择金、银、灰等色，黄、绿、蓝、白以及统一色等也在选择范围之内。此外窗帘的面料可以选择丝绒或者真丝提花，还可以配以窗幔和流苏来体现欧式风格的华美感。

←欧式风格窗帘 – 色彩搭配

欧式风格的窗帘更多地会搭配纹理比较细致的雕花，同时还会选择橘色、蓝色等色彩搭配来体现时代感和科技感。

5. 新中式风格

新中式风格的色调多为朱红色、紫檀色、浅米色及咖啡色，窗帘的色彩也应与室内空间相融合，可以不一致，但要相互呼应。窗帘的面料一般建议选用具有浓郁中国风的丝、绸、缎等，可以适当选择一些创意感十足的软装配饰等。

窗帘颜色的运用也可以大胆一些，例如空间内窗帘可以选择百搭的灰色，比较稳重、简约。此外，窗帘的颜色还要与软装的整体色调一致，要与家具在深浅上形成色调的对比，能够互相中和，同时还可以搭配有纹饰的窗帘来体现中式元素。

←新中式风格窗帘－色彩与空间搭配
新中式风格的窗帘可以选用大红色的落地窗帘，能够为整个相对空旷的空间增添一抹亮色。

6. 韩式风格

韩式风格的窗帘拥有比较特别的自然褶，这种褶皱与传统意义上用大环一折一折地折出来的褶皱不同。此外，韩式窗帘在布料的选择上多以棉质、棉麻质以及纯麻质为主，其中又以棉麻的垂感最好，美观性最强。在色彩的搭配上，韩式窗帘普遍以纯色为主，为丰富空间形式，也可以搭配浅色系的小碎花来作为点缀。

←韩式窗帘－材质与色彩搭配
韩式风格的纯色窗帘有些会配以蕾丝下摆，既缓解了色系的单一感，也让整体空间层次更丰富。

7. 日式风格

日式风格的窗帘还是沿袭其一贯的特色，多选择比较素雅、洁净的颜色。由于日式风格讲究简洁、明快，窗帘的选择也应该体现这一点，窗帘的原料布可以选择纯棉布、麻、丝等类似的材质，以保证窗帘可以自然垂地，不破坏整体空间的柔和感。

虽然日式风格的空间不论是家具还是主材都讲究凸显质感，但窗帘的颜色绝对不能 选择太过花哨的色系，因为一旦颜色和图案花哨，窗帘就会变得不伦不类，直接失去了日式风格的感觉。

←日式窗帘 - 空间搭配

日式风格的窗帘在搭配时要以整体空间为主，素色的窗帘在一定程度上可以体现其风格中的"禅学"思想，窗帘绑带可以运用其他材质，以便能形成一种拼接，这种形式的窗帘也能赋予空间另类的美感。

↑日式窗帘 - 图案搭配

日式风格的窗帘可以搭配色彩比较素雅的小碎花，排列有序，这种样式的窗帘也能有效增强空间的装饰性。

↑日式窗帘 - 色彩搭配

如果觉得单层窗帘比较单调，可在里层再搭配一个相似色系或对比色系的纱帘，但要注意对比色系的颜色不宜过重，以免破坏了整体统一感。

1.3.2　不同空间与朝向的窗帘搭配

装饰风格的不同造就了窗帘搭配的不同，此外，使用功能的不同、窗户类型的不同及使用者爱好的不同等也会使窗帘的搭配有所变化（见表1-2）。

←不同朝向的窗帘搭配

不同的朝向意味着空间内所能得到的阳光照射度不同，这也决定了窗帘厚度以及材质的选择，可选择双层窗帘，以便可以应对不同情况。

表1-2　不同情况下的窗帘布艺搭配

具体情况		搭配方式
不同的窗户朝向	东窗	适宜搭配淡雅色调并具有柔和质感的垂直帘
	南窗	适宜搭配遮光帘，也可与纱帘搭配使用
	西窗	适宜搭配百叶帘、风琴帘、百褶帘、木帘及经过特殊处理的偏深色系的布艺窗帘
	北窗	适宜搭配布质垂直帘或者薄一些的透光风琴帘、卷帘，不建议使用质地厚重的深色窗帘
空间范围不同	大面积空间	适宜搭配有助于减轻空旷感的深色系窗帘，并配合醒目活泼的，可以使空间在视觉上收缩的大型图案，可以选用大幕帘或掀帘
	小面积空间	适宜可以搭配颜色艳丽，并拥有单纯几何图案的窗帘，但不要整体都是很跳跃的颜色，还可选用纯色系的窗帘来进行平衡，使空间不至于显得太过狭小

注：窗帘的颜色要和室内空间的色彩相协调，窗帘的色彩则需比墙面色彩略深一些，例如鹅黄色的墙面，
　　窗帘可选用浅棕色或者黄色，且白色的窗帘配任何墙面都比较统一协调。

1.4 以样品观窗帘

要开好一家窗帘店，除了销售方式要有所创新外，大样制作得是否精良也十分重要，毕竟消费者对于窗帘店的初印象就是窗帘样品，窗帘样品要足够吸引人，有足够的视觉冲力，才会有更多行人驻足观赏，直至交易的达成。

1.4.1 明确样品的重要性

窗帘样品既要考虑美观性，同时还要方便制作，造价也不能过高，窗帘样品应该依据风格设计不同款式，并结合当下时代特点。窗帘的大样大小均有一个参考值，一般是宽1500mm，如果太宽会使空间显得压抑，这样就必须减少挂件的数量，高度通常为2800mm，与普通窗户的高度基本一致。

此外，欧式风格的窗帘样品还可以做到3000mm高，这样也能凸显欧式风格窗帘的修长与美观。窗帘样品的用料要将帘身宽度控制在4000～6000mm，这样的用料比较适合1000～3000mm宽的窗户，即使后期大样需要重新再设计，也会比较容易处理。

↑ 窗帘店

窗帘店的装修重点是要将窗帘的特点和美展现出来，可以用灯光或者小配饰来凸显窗帘的风格特色。

↑ 窗帘样品册

每一个风格的窗帘都应配备有相对应的样品，样品要重点突出风格特点，可以拍照做成手册供消费者选购。

↑ 窗帘样品

样品设计和制作均需精美，窗帘店里的大样设计应该要耐看，且方便制作，同时还需适合大小窗型，其中迷你样品更需具备一定的创意性。

制作窗帘样品不能图简单省事，如果窗帘全部都做成穿杆的，会使窗帘失去特色，窗帘店的核心竞争力也会差于其他商家，应该多设计几款窗帘，即使窗帘的布料很便宜，只要工艺精湛，款式新颖，一样可以很漂亮，这样也能吸引更多的消费者，还能体现出店主的专业性，促成更多的订单，一举两得。

1.4.2　合理布置窗帘样品

　　在窗帘样品布置方面，一定要配以合适的灯光，例如浅色的窗帘，尽量选择用暖光灯来照射，还可以配合帘头和装饰品来增强产品的丰富效果，另外，窗帘店的灯光建议以暖色调为主，少量冷色调为辅，这样营造的空间氛围会比较适合消费者进行美好事物的欣赏与选择。

↑ 按照颜色排列样品

在窗帘样品色彩比较多的情况下，可以按照光谱顺序将其进行排列，对于白、黑等明亮度高的颜色可以排在左侧，这样也能给人一种亲切感。

↑ 样品布置要避免色系冲突

不同色系的窗帘在陈列时要尽量避免强烈的色系对比，要注重冷暖色调的归类，可以用中性色来过度冷暖色调。

　　窗帘作为一种商品，在进行窗帘布置时可以按照商品性质的不同，依据区域划分的方法来进行陈列，需要每隔2～3个月重新进行陈列。

←按照风格陈列样品

依据窗帘的风格进行区域化的陈列，有利于消费者选择，还可以进行有机组合陈列，搭配适量的小饰品来对窗帘做点缀。

　　窗帘样品在陈列时还需具备多样性，窗帘样品在布置时不可主观判断，不可以个人喜好来陈列窗帘样品，要综合考虑。

↑ 按照花纹排列样品
窗帘花纹十分丰富，按照花纹的样式和所属范围将窗帘进行分类也是一种新的排列样品的方式。

↑ 按照结构陈列
依据窗帘结构的不同将窗帘进行重新排列，这种排列方式能够帮助消费者更快速地寻找到自己想要的窗帘。

←按照款式排列
可以依据款式的不同将窗帘划分到不同的区域，还可以依据不同色系划分窗帘，这样不仅使窗帘丰富化，也能方便整理。

本章小结：

　　了解窗帘的基本知识可以为后期的窗帘设计打下坚实的基础，对于如何将窗帘与室内空间内的其他物件完美结合也起到了很关键的作用。此外，窗帘作为一种布艺品，在保持经济性的同时，也需在观赏性和实用性上有所创新。

Chapter 2
品类丰富的面料

学习难度： ★★★☆☆
重点概念： 天然纤维、化学纤维、混合织物、蕾丝
章节导读： 多样的面料造就了更多形式的纺织品，不同材质的面料具有不同的触感和不同的特性，面料可以左右纺织品的风格、色彩以及具体的视觉效果。面料所具备的舒适性、视觉高贵性、触感柔美性以及挺括性等都为室内空间增色不少。了解生活中常用的窗帘布料也能够有助于更好地了解窗帘的制作以及与室内空间其他物品更好的搭配。

2.1 天然纤维面料

　　天然纤维是自然界原有的或经人工培植的植物上、人工饲养的动物上直接取得的纺织纤维，天然纤维面料即是采取这种纺织纤维制作而成，比较常见的有棉、毛、麻及丝等见表2-1。

表2-1　常见天然纤维面料

类别	图示	特　点
棉		棉质面料具有比较柔和的光泽，表面纹理自然，触感柔软，具有较好的吸湿性、耐热性及耐碱性
毛		毛质面料拥有着光洁、平整的外观，织面纹路清晰，光泽柔和，弹性和手感均不错
麻		麻质面料表面容易起皱，可经过加工处理使其笔挺、透风，同时具备良好的透气性和吸湿性，价格较高
丝		丝质面料表面柔和、光亮，触感舒适，大众欢迎度较高

★窗帘小知识

光触媒面料的功能

　　光触媒面料具备良好的抗菌和杀菌功能，可以很好地净化空气，除臭去味，防止发霉和藻类的产生。此外，光触媒面料还可以自行分解油污，防止水垢附着，同时这种面料还能很好地遮挡紫外线，是一种比较特殊的工艺面料。

2.1.1　棉质面料

棉质面料的特色源自棉纤维，棉纤维比较耐热，由棉纤维制作而成的面料熨烫温度可达190℃左右，但在熨烫前要注意做好基础的洒水工作，以便保持棉质面料的平整性。

1. 优点

（1）湿度平衡性好。棉质面料可以吸收空气中的水分，当空气中含水率在8%～10%时，棉质面料给人的触感会比较柔软且不会产生僵硬感；当空气中湿度逐渐增加，周围温度升高时，棉质面料中棉纤维所含的水分又会全部蒸发，以此使得棉质面料保持水平衡状态，给人舒适的触感。

（2）良好的隔热性和保暖性。棉质面料中的棉纤维具备比较低的热、电传导性，且棉纤维本身多孔、弹性高，纤维之间的缝隙可以积存大量空气，空气的热、电传导系数又低，因而由棉质面料制作而成的窗帘在夏天可以很好地阻挡紫外线，在冬天则可以很好地阻挡寒风。

（3）环保。棉纤维属于天然纤维，棉质面料与肌肤接触不会产生刺激感，适合大众选用。

↑棉质面料

棉质面料耐碱性好，可承受强力洗洁剂的清洗，不会轻易起毛球，也不容易起静电，综合性能比较好。

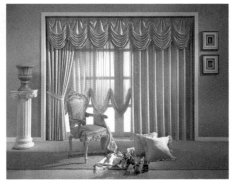

↑棉质面料窗帘

具有良好染料着色的棉质面料可以用于印花窗帘的制作，同时棉质面料质地柔软，色泽鲜艳，很适合运用于客厅中。

2. 缺点

（1）缩水。由于棉质面料具备比较强的吸湿性，因此受此影响，棉质面料的缩水率也比较高，一般在2%～5%。

（2）易变形。由于棉质面料中的棉纤维孔隙较多且大，因此棉质面料质地比较轻薄，当用于制作窗帘时，如果控制不好棉质面料的用量，可能会出现变形的情况。

←棉质面料缺点

棉质面料遇无机酸时极不稳定，一旦棉质面料上沾染了稀硫酸，应立即用水清洗以免损坏面料。

★窗帘小知识

棉质面料洗涤方法

1. 轻柔洗。棉质面料洗涤时最好选择手洗，如果要用机洗，建议选择轻柔模式，以免用力过大，导致棉质面料变形，影响成形尺寸。

2. 分颜色选择洗涤温度。棉质面料的颜色不同，所选择的洗涤温度也要有所区别，一般白色棉质面料可用碱性较强的洗涤剂高温洗涤，其他颜色的棉质面料则建议用冷水洗涤，且不可用含有漂白成分的洗涤剂或洗衣粉进行洗涤，以免造成脱色，注意洗涤时不要将洗衣粉直接倒落在棉质面料上，以免造成局部脱色。

3. 分颜色选择浸泡时间。一般浅色和白色的棉质面料浸泡1～2小时即可达到有效去污的效果，深色的棉质面料不建议浸泡时间过长，以免褪色，应及时洗涤，浸泡时水中可加一匙盐，以保持棉质面料的本色。

4. 注意分色洗涤。深色的棉质面料不建议和其他色系的棉质面料放在一处洗涤，以免造成混色。

2.1.2 毛质面料

　　毛质面料主要由毛纤维制成，毛纤维具有比较好的抗静电性能，同时毛纤维也不易燃烧，大多数毛质面料的光泽都比较自然柔和，且触感良好，有弹性，对皮肤的刺激性也不大。

1. 优点

　　（1）使用寿命长。由于毛纤维表面覆盖有一层鳞片，因此毛质面料具备比较强的耐磨性，耐久性也比较长。

　　（2）保暖性好。毛纤维具备比较好的隔热性，毛质面料也因此具备比较好的保暖性，用毛质面料制成的窗帘可以很好地抵御外界的寒风。

　　（3）弹性、抗皱性能好。毛质面料具备比较好的弹性，且表面顺滑，触感良好，能够长时间保持呢面平整和挺括美观。

　　（4）吸湿性强。毛质面料具备比较强的吸湿性，可以很好地吸收空气中的湿气，保持室内环境的舒适性。

　　（5）保色性强。质量较好的毛质面料多采用较高工艺染色，染色渗入到纤维内层，从而使得毛质面料可以较长时间保持鲜亮的色泽。

　　（6）耐脏。毛质面料因其表面鳞片的缘故可以较好地隐藏灰尘，耐脏性较棉质面料强。

↑毛质面料

毛纤维的相对密度比棉要小，因此毛质面料的质地也相对比较轻巧。

↑毛质面料窗帘

毛质面料的窗帘色泽比较美观，手感滑顺，抗拉扯性能较好。

2. 缺点

（1）未经处理的毛质面料由于受到空气中水分和氧气的影响，很容易变形，且未经处理的毛质面料容易引起蛀虫，存放太久也会发黄，起毛球。

（2）毛质面料的耐碱性能比较差，因此在洗涤时要格外注意，一般建议选择干洗的方式。

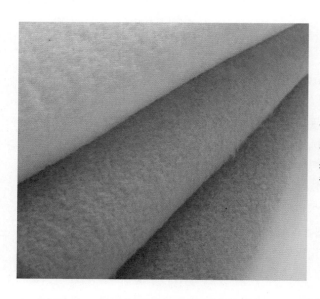

←起球的毛质面料
毛质面料起球会影响最终的装饰效果，一旦出现这种情况，建议交由专业人士处理。

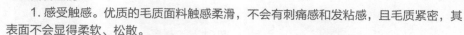

★窗帘小知识

毛质面料鉴别

1. 感受触感。优质的毛质面料触感柔滑，不会有刺痛感和发粘感，且毛质紧密，其表面不会显得柔软、松散。

2. 查看色泽。优质的毛质面料拥有自然、柔和的色泽，且表面颜色亮丽，不会给人沉闷感。

3. 检查弹性。可以用手将毛质面料捏紧，然后马上放开，检查毛质面料的弹性，一般优质的毛质面料回弹率较高，且能迅速恢复原状。

4. 气味鉴别。可以取毛质面料样品，用火烧，优质的毛质面料气味和头发燃烧的气味类似。

2.1.3　麻质面料

麻质面料主要由麻纤维制成，麻纤维取自各种麻类植物以及一年生或多年生草本双子叶植物皮层的韧皮纤维和单子叶植物的叶纤维，主要包括苎麻、黄麻、青麻、亚麻、罗布麻及槿麻等。其中麻、亚麻、罗布麻等纤维的粗细长短同棉相近，可以用作纺织原料，既可单独织物，也可与棉、毛、丝或化纤纤维等混纺；黄麻、槿麻等则纤维较短，一般用于纺制绳索和包装用麻袋等。

1. 优点

（1）麻质面料具备良好的色泽，且防水性能优良，耐摩擦和耐高温性能均不错。此外，麻质面料还具备良好的透气性，且散热快，适合大众选用。

（2）麻质面料在水中不易腐烂，吸尘率低、不易撕裂、不易燃烧，无静电、耐酸和耐碱性都较高。

（3）麻质面料不易褪色，不易缩水，导热性和吸湿性都比棉质面料大，且能够很好地抗霉菌和抗蛀。

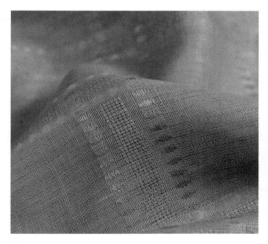

↑麻质面料

麻质面料的布面会更光洁平整，且色调也比较柔和大方，能给人一种舒适的感觉，目前使用频率较高。

↑麻质面料窗帘

麻质面料制作的窗帘拥有比较自然的质感，且纹路也比较自然。此外，麻制窗帘的设计搭配也比较偏向于自然风格的装饰。

2. 缺点

（1）麻质面料的抱合力比较差，且容易起皱，外观不挺括，且弹性相对其他面料较差。

（2）麻质面料比较难养护，一般需要用碱水清洗，清洁时需要使用比较轻柔的力度，且必须平铺晾干并用熨斗熨平，否则极易掉色以及出现皱褶。

←亚麻面料

亚麻面料由亚麻纤维加工而成，可分为原色亚麻面料和漂白亚麻面料，比较适用于制作窗帘及沙发布。

★窗帘小问答

Q：如何保养麻质面料制作的窗帘？

A：主要可以注意以下几个方面。

1. 及时去除污点。当麻质窗帘上出现污渍时应及时清洗，否则污渍会渗入到麻质窗帘内部。

2. 选择温和的清洗剂。清洗麻质窗帘时不建议使用颜色保护剂或者漂白除菌剂，这种漂白剂会损坏面料的质地。

3. 用合适的力度洗涤。洗涤完麻质窗帘后，应该轻轻拧干，可以将白色的麻质窗帘悬挂起来，在阳光下晒适当的时间，以便能更好地维持面料的洁白度。

4. 控制好熨烫环境。熨烫麻质窗帘应该提前润湿，这也能使熨烫工作更加简单，熨烫时要确保熨斗的底部是干净平滑的，且无任何杂质。

2.1.4 丝质面料

这里所说的丝质面料一般指真丝面料，是采用蚕丝，包括桑蚕丝、柞蚕丝、蓖麻蚕丝及木薯蚕丝等制作而成的面料。蚕丝是一种没有污染性的天然纤维，由它制成的面料色彩亮丽、样式美观，但价格较高。

1. 优点

（1）丝质面料表面光泽柔和，且手感柔软、细腻，与人体皮肤接触时不会产生刺痛感。

（2）丝质面料具有比较好的吸音性和吸尘性，且耐热性也不错，这是由于真丝面料有着比较高的孔隙率。

（3）丝质面料具备良好的吸湿性和保湿型，能够调节室内温度，并能有效吸收空气中的有害气体。

（4）丝质面料的热变性小，耐热性和阻燃性都十分不错，且丝质面料还具备良好的抗紫外线的性能。

↑ 丝质面料

丝质面料具备良好的散热性能和保暖性，且丝质面料还能抗静电，质地也比较轻薄，对人体无甚影响。

↑ 丝质面料窗帘

丝质面料窗帘触感舒适，具有自然、粗犷、飘逸以及层次感强等特点，可用于面积较大的落地窗，能给人一种大气、优雅的感觉。

2. 缺点

（1）丝质面料不够结实，容易缩水，色牢度也比较差，且在长时间的阳光照射下丝质面料表面容易泛黄。

（2）丝质面料不易打理，需要熨烫，洗涤后容易起皱和褪色。

（3）丝质面料加工较繁杂，稍不注意就可以出现拉丝的情况，因此相对其他面料而言，制作成本较高。

←丝质面料的鉴别

优质的丝质面料拥有柔和的光泽，且仔细观察会发现丝质面料的纤维纤细且长，触感比较柔软，贴近肌肤时会产生舒适感。

★**窗帘小知识**

丝质面料的洗涤、晾晒及熨烫

1. 洗涤。丝质面料洗涤时不可以采用粗糙的物品揉擦或用洗衣机洗涤，建议将丝质面料浸泡于冷清水中，然后再用丝绸专用洗涤剂或中性肥皂轻揉轻搓即可，一般泡水时间为 5 ~ 10 分钟。

2. 晾晒。丝质面料洗涤后不可暴晒，更不可以使用烘干机热烘，应当放置于阴凉通风处晾干。此外，在晾晒时应将丝质面料轻轻抖开，反面向外晾晒。

3. 熨烫。丝质面料一般晾至八成干时就可以开始熨烫，注意不可在丝质面料表面直接喷水，熨烫温度要控制在 100℃ ~ 180℃，熨斗也注意不要直接接触丝质面料表面，以免损坏面料。

2.2 化学纤维面料

化学纤维面料主要是以天然或合成的高分子物为原料，经过化学和机械方法加工制造出来的纺织纤维面料，一般可以分为合成纤维面料和再生纤维面料。

2.2.1 合成纤维面料

合成纤维面料主要分为涤纶面料、锦纶面料、腈纶面料，这三种面料各有特色，目前使用频率也较高。

1. 涤纶面料

（1）优点。涤纶面料的抗皱性及弹性都比较好，表面不易变形，且耐腐蚀性能及绝缘性能都十分不错。此外，涤纶面料拥有比较小的吸湿性，湿后面料的强度也不会下降。

（2）缺点。涤纶面料质地不够细腻，透气性较其他面料差，且不易染色，容易产生静电，使用时间过长，也容易产生毛球。

↑涤纶面料

涤纶面料在阳光照射下色泽比较亮丽，外观比较挺括，洗涤后可以不用熨烫，收缩性也较低。

↑涤纶面料窗帘

涤纶面料制作而成的窗帘具备良好的耐磨性和热塑性，造型灵活度较高，且不易燃烧，安全系数较高。

2. 锦纶面料

（1）锦纶面料的耐磨性能高于其他面料，比棉和粘胶面料高10倍，比纯羊毛面料高20倍，比涤纶面料高约4倍。此外，锦纶面料的强度和耐用性也比较好，质地结实。

（2）锦纶面料质地虽轻，但触感较硬，且通风性能差，容易起静电。

（3）锦纶面料拥有比较好的弹性，在较小外力作用下就会产生变形，因此锦纶面料的窗帘稍有不当也容易产生褶皱。

（4）锦纶面料的耐热性和耐光性比较差，使用时要注意控制好洗涤频率及熨烫环境。

↑ 锦纶面料

锦纶面料具有比较好的吸湿性，使用寿命处于中间值，价格适中。

↑ 锦纶面料窗帘

锦纶面料窗帘具备比较好的保暖性和抗菌性，适合用于卧室。

★窗帘小知识

皮革

　　皮革是经脱毛和鞣制等物理、化学加工所得到的已经变性不易腐烂的动物皮，皮革表面拥有一种特殊的纹理，手感比较舒适。皮革按照制造方式可以分为真皮、再生皮、人造革及合成革，目前真皮和人造革使用频率较高，多运用制作家具、皮包等物。

　　其中人造革的灵活度比较高，可以根据皮革的不同强度以及耐寒、耐磨度来制作具备不同花纹的皮革品，人造革制品花色品种繁多，防水性能也较好，利用价值高且价格相对比较实惠。

3. 腈纶面料

（1）腈纶面料具有比较好的弹性和蓬松感，但耐磨性相对其他面料较差，面料稳定性也差与其他面料。

（2）腈纶面料具备良好的耐光性和伸缩性，即使是在日光下暴晒一年之久，腈纶面料的强度也仅仅只下降了20%左右。

（3）腈纶面料表面色泽艳丽，与羊毛适当比例混纺还可以很好地改善外观色泽且不会影响最终成品的手感。

（4）腈纶面料使用范围较广，耐热性比较好，耐酸和耐氧化剂作用也比较强，综合性价比比较高。

（5）腈纶面料的质地比较轻薄，但吸湿性比较差，不能给人很好的舒适感。

（6）腈纶面料的耐腐蚀性能比较强，但耐脏性比较差，耐碱性也一般，清洗时要注意这一点。

↑ 腈纶面料

腈纶面料具备良好的保暖性，经检测，其保暖性比同类面料高出 15% 左右。

↑ 腈纶面料窗帘

腈纶窗帘在清洗时要选择合适的清洁剂，以免腐蚀性过强而导致窗帘受到损坏。

★ 窗帘小知识

雪尼尔纱

雪尼尔纱又被称为绳绒，是一种新型花式纱线，它是用两根股线做芯线，通过加捻将羽纱夹在中间纺制而成的一种面料。雪尼尔窗帘花型凹凸，立体感比较强，但容易出现变形，且在清洗之后会有缩水现象，无法通过熨烫抚平。

2.2.2　再生纤维面料

再生纤维面料是利用有纤维素蛋白质的天然高分子物质，如木材、蔗渣、芦苇、大豆及乳酪等为原料，经过化学和机械加工而成的一种面料，主要有人造丝面料、人造棉面料以及粘纤面料等。

1. 人造丝面料

人造丝是一种丝质的人造纤维，因而人造丝面料的许多性能与棉质面料及亚麻面料的性能很相似。

（1）优点。人造丝面料具有亲水性能，既可以干洗，也可以水洗，同时还不会轻易产生静电或起球现象，价格比较适中，耐磨性也比较好。

（2）缺点。人造丝面料易霉蛀，其弹性和回弹性均比较差，因此水洗后可能会出现缩水的状况，且容易褪色和起皱。

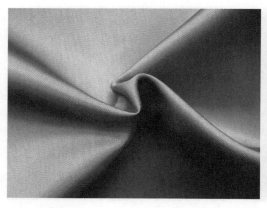

↑人造丝面料

人造丝面料浸湿后强度会减弱，但在干燥后强度又会恢复，为了避免不必要的损失，在水洗的过程中要小心。

↑人造丝面料应用

人造丝面料多用于服装行业，如夹克衫、衬衫等，此外，也可用于室内装饰、窗帘等布艺行业。

★窗帘小知识

人造丝面料与真丝面料的区别

人造丝面料外表光泽明亮，手感稍粗硬，有湿冷的感觉，用手捏紧后松开，丝面会有较多的皱纹，且拉平后仍有痕迹；真丝面料外表光泽柔和，手感柔软、质地细腻，相互揉搓能发出特殊的音响，用手捏紧后松开，丝面皱纹较少且不明显。

2. 人造棉面料

人造棉面料也被称为人棉面料，它和棉布的手感很相似，但价格相对比较便宜，面料表面比较光滑，色泽度比较高，染色性也较好。

（1）人造棉面料的布面比较平整，且表面杂质较少，触感比较平滑、柔软，表面色泽也比较鲜艳、美观。

（2）人造棉面料具有比较强的折皱性，且出现褶皱时也不易复原。此外，人造棉面料的悬垂性也较好，但强度较低。

（3）人造棉面料在潮湿环境下容易出现散线的情况，当布边出现撕线时，一旦拉扯，人造棉面料很容易就会被撕裂。

←人造棉面料

人造棉面料的耐稀碱性和吸湿性和棉质面料比较接近，与肌肤接触不会有刺痛感，但人造棉面料不耐酸，回弹性和耐疲劳性都比较差，使用时间过长容易失去弹性，面料会变得比较僵硬，且会出现板结感。

★窗帘小知识

人造纤维和粘胶纤维

1. 人造纤维面料。人造纤维面料多用于制造窗帘，人造丝及人造棉均属于人造纤维，它的染色性和耐摩擦性能优于其他面料，常与其他纤维混合以增强面料的功能和使用寿命。

2. 粘胶纤维面料。粘胶纤维面料也被称为粘纤面料，它有着优良的舒适性能，不仅吸湿性、透气性、柔软性及悬垂性好，色泽也十分艳丽。粘纤面料还拥有良好的抗静电性能，触感舒适，综合性能优于其他化纤织物，能给人雍容华贵之感。

2.3 混纺织物面料

混纺织物面料是选用化学纤维与其他棉毛、丝、麻等天然纤维混合纺纱织成的纺织面料，主要可以分为涤棉、涤麻以及棉麻等。

2.3.1 涤棉面料

涤棉面料同时具备了涤纶和棉的特色，它是选用65％～67％的涤纶和33％～35％的棉花混纱线织成的纺织品，多用于制作衣物，很少用于制作窗帘。

（1）涤棉面料拥有比较好的纤维强力，即使是在干、湿不同的情况下，弹性和耐磨性也都十分不错。

（2）涤棉面料尺寸稳定，缩水率小，且造型挺拔，抗皱性强，注意不可用高温熨烫和沸水浸泡洗涤，以免破坏面料内部纤维结构。

（3）涤棉面料内部含有大量的棉纤维，因此面料的染色性相较于其他面料好，面料外观颜色亮丽，色彩处于饱和状态，在视觉上能给予人舒适感。

←涤棉面料
涤棉面料使用寿命较长，其耐光性和耐热性都较好，但容易吸附油污和灰尘，且表面油污不易洗净，需采用特殊的去污处理方法。

★窗帘小知识

纯棉面料与涤棉面料的区别

在视觉上，涤棉面料比纯棉面料的色泽要鲜亮；在触感上，纯棉面料松软不平滑，而涤棉面料则会给人一种滑溜感；在环保上，纯棉面料的环保性要高于涤棉面料，且对肌肤的影响也不大。此外，还可通过燃烧样品来判断纯棉面料与涤棉面料的不同，一般涤棉面料燃烧后会有一股劣质芳香剂的味道，纯棉面料燃烧后气味则和纸张燃烧一样。

2.3.2 涤麻面料

涤麻面料又被称为麻涤布，主要是由30%～35%的苎麻和65%～70%的涤纶混纺而成。

（1）涤麻面料具有比较高的弹性，且抗皱性能也很不错，触感舒适，外形挺括，造型感强。

（2）涤麻面料的吸湿和散热性能都比较好，能很好地抗虫蛀，且易洗快干，还能免熨烫。

↑涤麻面料

涤麻面料手感较全麻织物好，且缩水率比较小，在制作之前不需要进行预缩工作，只缝边时预留稍宽些即可。

↑涤麻面料应用

涤麻面料的主要用途是制作夏季各类服装以及绣饰用布，同时涤麻面料也可用于制作窗帘、台布以及床上用品等物件。

★窗帘小知识

氨纶弹力织物

氨纶弹力织物是指含有氨纤维的织物，由于氨纶具有比较高的弹性，且造价比较昂贵，因此在制作过程中如果混用的氨纶比例高低不同，所制造的织物弹性大小也会不一样。氨纶弹力织物的弹力范围在 1%～45%，它可以将服装造型的曲线美和服用舒适性融为一体，且其外观风格以及吸湿和透气性都与其他天然纤维类织物比较相近。

2.3.3 棉麻面料

棉麻面料是棉麻混纺，兼具了棉质面料和麻质面料的优点，且面料肌理感比较强，表面光泽也比较自然。

（1）棉麻面料质地比较柔软，触感较好，由于其面料结构中包含麻质面料，因而垂感也较好。

（2）棉麻面料具有良好的透气性，且面料不易褪色，不易脱水，导热性和吸湿性都比棉质面料要大。

↑棉麻面料

↑棉麻窗帘

棉麻面料对酸碱反应不大，且不易受潮，可以长期使用，抗虫蛀性和抗霉菌性也十分不错。

棉麻窗帘在目前使用频率较高，这种面料制作的窗帘不易起球，也不易产生静电，且自然环保，适用于大部分室内环境中。

★窗帘小知识

面料的常用概念

面料的常用概念包括经向、纬向、经纱、纬纱、经纬纱密度、幅宽以及克重等，其中经向指面料长度方向，纬向指面料宽度方向；经向的向纱线为经纱，纬向的向纱线为纬纱；经纱内 1in 英寸。（1in=2.54cm）内纱线的排列根数为经纱密度，纬纱内 1in 内纱线的排列根数为纬纱密度；幅宽则是指面料的有效宽度，常用"cm"表示，比较常见的有单门幅和双门幅，单门幅的幅宽尺寸在 140cm 左右，双门幅的幅宽尺寸在 280cm 左右，定高的幅宽尺寸是 280～300cm；面料的克重则一般为平方米面料重量的克数。

2.4 蕾丝面料

蕾丝面料一般是作为辅料使用，由于其面料表面带有刺绣，因而也被称为绣花面料，多用于服装中，也可用于窗帘中，窗帘中的花边及帘头均可采用蕾丝面料制作。蕾丝面料有着精雕细琢的奢华感，且能很好地表现出浪漫气息，因此使用频率也越来越高。

2.4.1 蕾丝面料的分类

蕾丝面料主要可以分为定位蕾丝面料、钩织棉线蕾丝面料、网眼提花蕾丝面料、网眼棉线提花蕾丝面料以及纤维高弹提花蕾丝面料。

1. 定位蕾丝面料

定位蕾丝面料主要由聚酯纤维和棉组成，这种蕾丝面料的花纹图案比较固定，面料的挺括性比较好，运用这种面料制作的成品，非常美观。

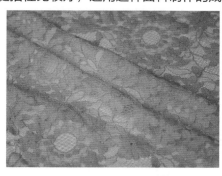

←定位蕾丝面料

定位蕾丝面料不易缩水，且耐腐蚀性能也比较好，容易清洗，使用时注意做好常规的清洗与养护，如要熨烫，应采用低温熨烫的方法。

★ **窗帘小知识**

面料分类

面料按照组织分类可以分为平纹、斜纹以及贡缎，下面主要介绍平纹和缎纹的特点。

1. 平纹。平纹组织是由经、纬纱一上一下相间交织而成，平纹面料的布身一般比较结实，经、纬纱之间联系也十分紧密。

2. 缎纹。缎纹的纹理特征主要表现在组织表面都呈现经（或纬）浮长线，因而缎纹面料的布面平滑、匀整，不仅富有光泽，质地也十分柔软。

---

2. 钩织棉线蕾丝面料

钩织棉线蕾丝面料主要由棉和锦纶组成，其中棉的成分较高，接近100%，锦纶的成分则大于3%。这种蕾丝面料的工艺手法全部为钩织，在视觉上有镂空的效果。

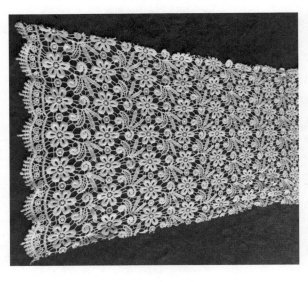

←钩织棉线蕾丝面料

钩织棉线蕾丝面料触感舒适，对肌肤的刺激性不大，不易变形和缩水，一般建议轻柔手洗，并折叠晾晒，可低温熨烫。

3. 网眼提花蕾丝面料

网眼提花蕾丝面料主要由聚酯纤维和棉组成，它与定位蕾丝面料有一定的共同点就是面料的组织结构相对比较稳定，触感比较舒适。

←网眼提花蕾丝面料

网眼提花蕾丝面料造型比较挺括，不会轻易缩水，且面料比较耐腐蚀，使用时注意好常规清洗和养护，一般可低温熨烫。

4. 网眼棉线提花蕾丝面料

网眼棉线提花蕾丝面料主要由棉和聚酯纤维组成，其中棉的成分较多。这种蕾丝面料的质地比较厚，但依旧能给人舒适感。

←网眼棉线提花蕾丝面料

网眼棉线提花蕾丝面料易清洗，手感柔软，且不会轻易缩水，面料的耐磨性也比较好，一般可低温熨烫。

5. 纤维高弹提花蕾丝面料

纤维高弹提花蕾丝面料主要由聚酯纤维和氨纶组成，其中氨纶含有较多的弹性纤维，这种特性使得面料具备了较好的弹性，面料的美观性和舒适性也因此变得更好。

←纤维高弹提花蕾丝面料

纤维高弹提花蕾丝面料具备比较好的耐腐蚀性和耐磨性，它既容易清洗，也不会轻易变形，使用时要注意定期清洗和养护，可低温熨烫。

2.4.2 蕾丝面料的应用

蕾丝面料主要可应用于服装、窗饰以及床品织物等，由于蕾丝面料存在易勾丝脱散的问题，在使用蕾丝面料时要考虑到这一点。下面主要介绍蕾丝窗帘。

蕾丝窗帘也被称作花边窗帘，主要可以分为有弹性的蕾丝窗帘和无弹性的蕾丝窗帘，有弹性的蕾丝窗帘主要由10%的氨纶和90%的尼龙组成；无弹性的蕾丝窗帘则由100%的尼龙或全棉制成。

↑蕾丝窗帘

↑蕾丝窗帘应用

蕾丝窗帘质地比较轻薄，主要是用提花布、经编锦纶网、蕾丝花边、窗帘窗饰珠、玻璃纱、绣花布以及混纺材料等缝制加工而成。

蕾丝窗帘可用于卧室和客厅，色彩可以自行选择，运用于卧室时能够给人十分温馨的感觉。

本章小结：

窗帘面料要追求美观性，同时也要追求实用性，所选窗帘的面料一定要具备比较好的耐磨性，手感要好，且无明显异味，面料的色彩选择要能和室内其他色系良好搭配。了解清楚这些对于后期窗帘的设计以及窗帘的长久使用有很大的帮助。

Chapter 3
制作窗帘前的准备

学习难度： ★ ★ ★ ☆ ☆
重点概念： 测量、用料计算、成本核算
章节导读： 数据化的设计能够保证窗帘的实用性，经过一步步测量而得出的数据必定具备科学性。窗帘测量是否准确不仅影响整体空间的统一性，同时还关乎窗帘安装是否可能成功，甚至还影响窗帘的选料以及款式的选择等，这对于最后的装修预算也有着很大的影响。对于不同的窗型，窗帘的用布量也会有所不同；针对不同的用途，窗帘的材质也应当有所变化。

3.1 选择窗帘款式

时代在不断进步，窗户的窗型也随时代变迁而一改往日的单调形状，不再千篇一律，这也导致了人们在选购窗帘时不仅要依据个人喜好来选择，还需考虑窗型，以免选到不合适的窗帘，影响整体空间的美观性。

3.1.1 依据窗型选择合适的窗帘

一般比较常见的窗型主要有半截窗、飘窗、落地窗、弧形窗、中空落地高窗、拱型窗以及三角窗等几种，在选购窗帘之前要了解清楚这些窗型的特点，这对于后期选择窗帘款式有很大的益处。

半截窗可分为立式窗和卧式窗，高度一般位于离地板约900mm的位置，在窗帘的款式选择上可以选择与落地窗同类型的窗帘。此外，宽而短的窗，一般选择长帘，这也是为了让帘身紧贴窗框，以达到遮掩窗框宽度，弥补窗户长度不足的目的；高而窄的窗，则建议选择长度刚刚过窗台200~300mm的短帘，并向两侧盖过窗框，这样可以最大面积地使窗幅显现出来，使窗户产生增宽或缩短的视觉效果。

↑立式窗窗帘的选择

立式窗呈直立长方形，窗帘款式比较广泛，例如可以选择现代简约风格的窗帘或者纱质窗帘等，整体层高比较高的则可以选择欧式风格的波浪帘头落地窗帘。

↑卧式窗窗帘的选择

卧式窗窗型较宽，没有深窗台的卧窗选择落地窗帘会比较大气，还可以选择平拉帘与欧式水波帘相搭配，也会有不错的视觉效果。

　　落地窗算是半截窗的延伸，为全面玻璃窗，采光面积大，可以使人们的视野更开阔，多出现于客厅和卧室。落地窗还会包窗套，整体有一种对称美，且有很强的装饰效果。

←落地窗窗帘

落地窗窗帘的选择依旧要根据窗帘所使用的空间环境来定，一般卧室适宜选择质地较厚的落地窗窗帘，客厅适宜选择质地较轻薄的落地窗窗帘。

　　在窗帘的款式选择方面，一般以落地的平拉帘或者水波帘为主，还可以选择平拉帘和水波帘相互搭配，在材质方面可以选择棉质、麻质类的窗帘，也可以选择纱质和棉质相搭配的窗帘。

↑平拉帘

平拉帘款式比较普遍，大小可自由变换，可以悬挂也可以掀拉，适用于各种窗型，比较常用的平拉帘是两侧平拉式。

↑水波帘

水波帘比较豪华、大气，又可分为落地水波帘和 现代水波帘，在选择水波帘时可以根据装饰风格来选择。

　　飘窗多出现于卧室，主要可分为飘窗和落地飘窗，它为卧室增加了采光和通风的功能。飘窗面积比较适中，多以观景休闲为主，窗帘建议选择落台窗帘，一来可以吸音降噪，创造一个良好的睡眠环境，二来也可以起到很好的装饰作用。

↑休闲飘窗

罗马帘、卷帘或者平拉帘均适用于休闲区飘窗，其中罗马帘比较节省材料，且富有立体感，能很好地节省空间。

↑飘窗可依据光照方向选择窗帘

处于西晒方向的飘窗一般建议选择带有帘头、遮光布和窗纱的窗帘，其中帘头可以减弱飘窗坚硬的质感，增强软装效果，遮光布和窗纱也可以很好地遮挡阳光。

　　弧型窗属于特殊窗型，多出现于别墅以及复式楼中，对于这种窗型，一般建议选择满墙落地式窗帘，这样也能凸显弧型窗的大气。此外，还可以选择电动式窗帘，电动式窗帘造型简单，使用也比较方便。

　　拱型窗比较少见，一般适合选择具有欧式风格的带有自然褶皱的异形窗帘，可以用魔术贴将褶皱的窗帘固定在窗框上，这样也便于清洗。

←弧型窗窗帘

弧型窗因其建筑结构与其他窗型大有不同，一般多以平拉式的落地窗帘为主，既能有效遮光，同时开合方便，能够很好地与弧形窗的结构相契合。

3.1.2 所选窗帘要适用于空间

选购窗帘的款式，首先需要对使用空间的特性有所了解，同时对于使用人群的特点以及喜好也需有所了解，只有这样，所选窗帘才能与整体空间相统一。

↑ 窗帘款式要与家具风格统一

窗帘的款式要和家具的样式搭配，窗帘的颜色以及窗帘的薄厚度等也要与卧室或者客厅相匹配。

↑ 窗帘款式花色要与空间整体色系统一

窗帘花色的选择要和空间的整体颜色一致或者相匹配，同时还要结合窗帘本身的功能性和装饰性来综合选择。

← 窗帘材质要与家具相统一

窗帘的材质还需与室内空间中的家具材质相搭配，如果家具是软皮，那么窗帘则需选择布料比较柔软的款式，例如棉质水波帘，它会给人一种流动的柔美感。

★ **窗帘小知识**

窗型与窗帘

中空落地高窗建议选择平拉帘或落地水波帘，平拉帘可采用电动式，帘头可选择大波浪帘头搭配旗帜式帘头，这样会显得整体空间比较大气，也能够凸显大客厅的特点。

1. 从使用空间考虑

（1）客厅。客厅是给予观者初印象的区域，面积较大的客厅建议选用落地窗帘，再配上纱帘，款式上还可加配极具观赏性的帷幔；小客厅则可以选择透光的卷帘、布百叶以及日夜帘等。客厅窗帘的颜色要与整体房间、家具的颜色相和谐，一般窗帘的色彩要深于墙面，窗帘的材质要依据家居氛围来定。

←客厅窗帘选择

客厅窗帘配上窗纱后，还可以配上花边、窗幔，这种组合式的窗帘层次会更丰富。在选择客厅窗帘的款式时还要考虑图案。

↑依据墙面色彩选择窗帘色系

窗帘色系要与墙面色彩相配，例如，客厅墙面如果是淡黄色，可选择黄或浅棕色的窗帘；如果墙面是浅蓝色，则可选择茶色或白底蓝花式样的窗帘。

↑依据家居环境选择窗帘材质

不同的窗帘面料所营造的氛围感不同，例如，客厅窗帘选择轻柔型的布质面料，能营造出自然的家居环境；而柔滑的丝质面料则会营造出华丽的居家氛围。

（2）卧室。卧室是用于休憩的区域，室内需要营造一个比较安静的环境。窗帘原料布通常会以窗纱配布帘的双层面料组合为主，既能有效隔声，也能高效遮光，款式则建议选择比较简洁而温馨，同时色彩丰富的窗纱也会将窗帘映衬得更加柔美、温馨。

←卧室窗帘选择

卧室窗帘可选择落地布艺帘，在此基础上还可以再配上遮光布和窗纱，遮光布可以为卧室创造一个很好的睡眠环境。

（3）书房。书房主要供使用者工作和学习，所选窗帘应尽量选择透光性好，偏蓝色系的窗帘，例如木百叶帘、隔音帘、素色卷帘、风琴帘以及百褶帘等。

←书房窗帘选择

小面积的书房比较适合选用素色的罗马帘，这种罗马帘可以很好地营造出雅致、恬静的工作阅读氛围。

★**窗帘小知识**

儿童房窗帘选择

　　儿童房的窗帘款式要充满童趣，窗帘原料布建议选用对儿童无刺激的天然棉、麻布，又由于儿童房要兼具学习和休息功能，建议选用窗纱配布帘的组合窗帘，既透光又能遮光。

2. 从空间使用人群考虑

年长者使用的空间，窗帘建议选择比较庄重素雅的颜色，可以选暗花和色泽比较素净的窗帘；家中有孕妇的，则应该尽量避免使用丝绒或者毛绒类的窗帘，这些窗帘会飘出细小的颗粒，不仅容易堆积大量的灰尘，也不易清洗；年幼者使用的空间，窗帘款式要选择功能性比较强，可以升降的卷帘，比较容易操作；年轻人的空间则可以选择比较活泼明快，带有十足现代感图案花色的窗帘。最重要的一点就是窗帘的环保指标一定要达到标准，绝不能因为窗帘好看就忽视了这一问题。

←年长者使用的窗帘

年长者情绪不宜波动过大，比较素净的窗帘有助于稳定情绪，同时颜色较深的窗帘也比较耐脏，很适合长期只有年长者在家的家庭。

↑年轻者使用的窗帘

年轻者多用色彩比较活泼的窗帘，窗帘图案也可以丰富化，这样也能活跃室内氛围，愉悦心情。

↑年幼者使用的窗帘

年幼者使用的窗帘大多色彩都比较艳丽，也有些窗帘绘有比较有趣的图案，能够给予使用者一种新奇感。

3.2 窗帘测量精确化

　　对于不同类型的窗户以及不同款式的窗帘，测量的要求是不一样的，不同的测量方 法，最后得出的窗帘用布量也会有所不同。窗帘是体现每个家庭韵味之所在，它体现 了主人的生活品位，在网上选择或实体店购置，都需要对使用的窗帘进行准确测量。

3.2.1 立窗窗帘测量

立窗是建筑空间中最常见的窗户，它通常只有一面玻璃或两面玻璃，窗帘多选择带有帘头的，可以丰富视觉效果，不论是满墙窗帘还是非满墙窗帘，高度都要大于窗户高度。

立窗窗帘选择→
立窗窗帘还可以选择双层帘，一来双层帘的纱帘极具飘逸之感，二来里层布帘也能很好地遮光，实用且美观。

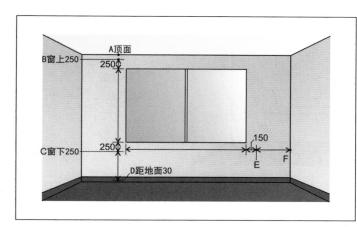

←满墙窗帘测量

满墙窗帘，测量高度从 A 点量至 D 点，非落地 从 A 点量至 C 点；侧装落地从 B 点量至 D 点，非落地从 B 点量至 C 点；宽度是落墙宽度。

注：书中尺寸单位未作说明者，均为毫米。

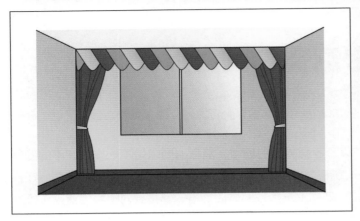

←满墙窗帘安装效果

通过立窗顶装满墙落地安装效果图可以看出安装窗帘后的效果，后期可根据此图选购窗帘。

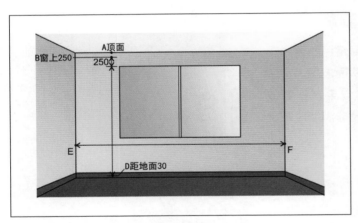

←侧装满墙落地窗帘

立窗侧装满墙落地窗帘，高度测量是从窗户向上250mm处（B点）量至离地板30mm处（D点），宽度则是整面墙的宽度（即从E点量至F点）。

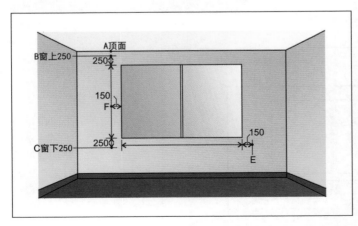

←非满墙、非落地侧装窗帘

立窗非满墙、非落地侧装窗帘，高度测量是从窗户向上250mm处（B点）量至窗户底边向下250mm处（C点），宽度是窗宽加上150mm。

3.2.2 飘窗窗帘测量

　　飘窗一般呈矩形，部分飘窗也会向室外凸出，室内的飘窗大多两面是墙，一面是玻 璃，凸出室外的飘窗大部分都有三面玻璃，这也使采光面积大大增加，人们的视野也会变得更开阔，但相应的，在制作飘窗窗帘时，测量就需要更精确。

　　飘窗作为观赏性空间使用时建议选择全落地式窗帘，飘窗窗帘款式的选择应该与全房风格一致，如果飘窗空间面积较大，则可作为休憩空间使用，一般建议选择透气性好、有一定遮光功能的半窗窗帘，这样也方便进出飘窗空间，如果飘窗三面都是玻璃，建议三面均安装窗帘。

↑转角飘窗窗帘
转角飘窗建议选择高度和飘窗一致的半窗窗帘，这样看起来也比较美观。

↑飘窗窗帘
只有一面是窗户的飘窗可选择满墙式落地窗帘，这样也能很好地遮光。

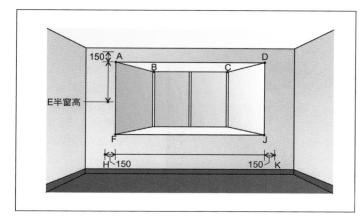

←飘窗窗帘测量

窗帘在飘窗内部，高度测量是从 A 点量至 E 点，宽度是 AB 距离加 BC 距离再加 CD 距离；窗 帘在飘窗外部则高度测量是从 A 点往上 150mm 处 量至距离地面 30mm 处，宽度从 H 点量至 K 点。

零基础窗帘
设计制作安装图解教程

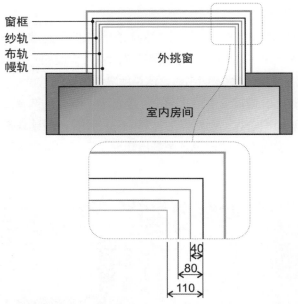

窗框
纱轨
布轨
幔轨

外挑窗

室内房间

40
80
110

←飘窗纱轨尺寸

飘窗窗帘纱轨的长度是沿窗量出的尺寸（40mm×4）；布轨的长度是沿窗量出的尺寸（80mm×4）；幔轨的长度是沿窗量出的尺寸（110mm×4）。

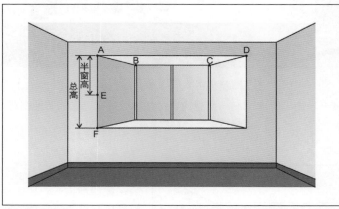

A   D
B   C
半窗高
总高
E
F

←飘窗半窗测量

飘窗半窗窗帘高度测量是从 A 点量至 E 点，宽度是 AB 距离加上 BC 距离再加上 CD 距离。

←飘窗窗帘

飘窗窗帘既要具备观赏性又需要具备防隐私的功能，建议选择百叶或者材质较厚具有一定私密性的窗帘。

58

3.2.3 阳光窗窗帘测量

阳光窗多用于建筑面积较大的住宅空间或商业办公空间，一般会有两面以上的玻璃落地窗，整体的透光性很强。阳光窗的窗帘要依据对光线的接受程度以及空间的使用功能来选择，对于不太需要光线的区域，可以选择落地窗帘，而需要比较好的光线的办公区域则可以选择非落地窗帘。

←阳光窗

市场所售阳光窗框架基本都是 80mm 厚的，安装可以选择整体性的，也可以选择单片形式的。阳光窗的窗帘可以选择落地窗也可以选择卷帘，这两种窗帘各有各的优势，当然如果阳光窗的面数较多，则建议选用卷帘。

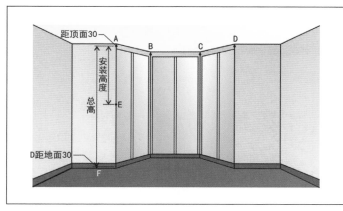

←阳光窗窗帘测量

阳光窗选用非落地窗帘，测量其高度是从 A 点 量至 E 点，宽度是 AB 距离加上 BC 距离再加上 CD 距离。

★ **窗帘小知识**

窗帘倍率

这里所说的窗帘倍率是指为了增加窗帘的装饰效果，将大于窗帘实际宽度的布料通过打褶的方法制作成需要的尺寸，而两者相除的系数就叫倍率，一般窗帘打褶有两个褶皱或三个皱褶。

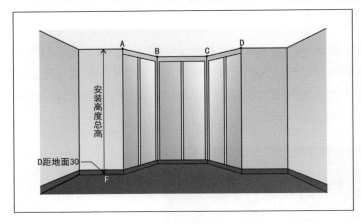

←阳光窗窗帘测量

阳光窗选用落地窗帘，测量其高度是从 A 点量 至 F 点（距离地面 30mm 处），宽度是 AB 距离加上 BC 距离再加上 CD 距离。

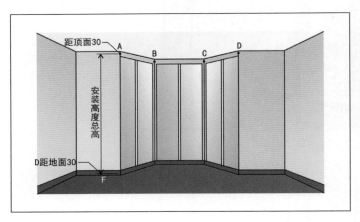

←阳光窗窗帘测量

阳光窗如果是单片玻璃安装窗帘，测量其高度 是从 A 点量至 F 点（距离地面 30mm 处），宽度则 是分开测量，为每一单片玻璃的宽度。

←阳光窗

阳光窗建议选用轻纱质窗帘或轻纱与棉麻相结合的窗帘，这种窗帘施工便捷、使用方便，可以自由调节遮光度，能满足不同方位的光线需求。

3.2.4 其他窗型窗帘测量

除去上述所讲的基本款型的窗户外，还有景观窗、转角窗、L形窗、多边形窗、尖顶窗、带门的窗、中间有梁的窗、侧面有梁的窗、在楼梯边的窗、斜窗、圆弧窗及卧窗等，每一种窗型都有其特定的测量方式，下面就其中几种做详细介绍。

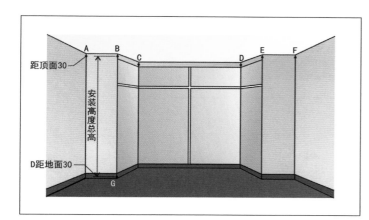

←多边形窗窗帘测量

多边形窗的窗帘，高度测量是从天花板量至距离地面30mm处（D点），如果是满墙窗帘，宽度则从A点量至F点（即整面墙的宽度）；非满墙窗帘宽度则从B点量至E点。

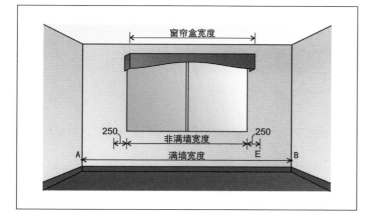

←帘盒窗帘测量

有帘盒的窗帘宽度测量要分满墙和非满墙，非满墙窗帘宽度是帘盒宽度向左边和右边分别加上250mm；满墙窗帘宽度则是从A点量至B点（即满墙宽度）。

★ 窗帘小知识

特殊窗型窗帘安装

中间有梁的窗户安装窗帘时窗帘可以沿窗安装，但要依据梁的位置修改窗帘，可以平幔剪出横梁位进行顶装；或做镂空水波，底层平幔剪出横梁位进行顶装；或做工字褶并在褶皱处剪出横梁位进行顶装。

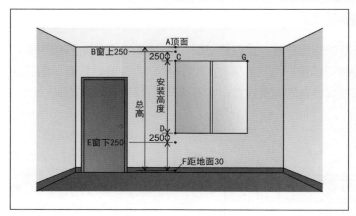

←窗户边带门的窗帘测量

窗户边带门的，窗帘的宽度是从 C 点量至 G 点，高度测量则要分顶装落地和侧装非落地，顶装落地的高度是从 A 点量至 F 点，侧装非落地的高度是从 B 点量至 E 点。

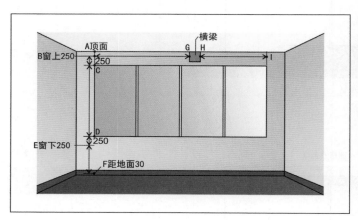

←有梁窗户窗帘测量

窗户中间有梁的，窗帘的宽度是 BG、GH、HI 的距离分段相加，高度测量则要分顶装落地和 侧装非落地，顶装落地是从 A 点量至 F 点，侧装非落地是从 A 点量至 E 点。

←窗户外侧有梁时的窗帘选择

窗户一部分位于横梁内侧时，一般建议选择盒式窗帘，这是由于盒式窗帘尺寸变动比较灵活，适用于此种情况。

3.3 用料计算严谨化

目前在市场销售的窗帘布幅主要有两种，一种是布幅为1.5m的定宽布，它的高度是无限的，宽度不够可以加幅数；还有一种是2.8m的定高布，它的宽度是无限的，如果窗户的高度超过了2.8m，就要进行接高。窗帘的用料包括帘身、帘头、配色布、里布和纱。

↑掀开方式决定窗帘的用布量

窗帘的用布量与所要安装窗帘区域的长、宽以及窗帘掀开的方式有关系，窗帘的掀开方式一般有单掀式、双掀式、多掀式以及罗马式等。

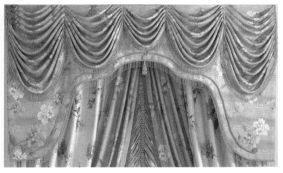

↑窗帘帘头的用布量计算

制作窗帘帘头的用布量是成品帘头的3倍，帘头的宽度通常和主帘的宽度相同，帘头高度是窗帘设计高度加上、下两边窝边的高度，一般是100mm。

★窗帘小问答

Q：如何计算双掀式窗帘的用料？

A：计算双掀式窗帘的用布量主要是要计算窗帘主帘的用布量和帘头的用布量。

主帘的高度＝窗户的高度＋主帘底边的窝边＋主帘顶端的窝边

一般窗帘都会在顶端留出100mm以上的窝边尺寸，这个尺寸是由卷进窗帘顶端无纺布的宽度所决定的。

主帘的宽度＝窗户宽度×2（这样是为了使窗帘褶皱比较均匀）＋两边侧边的窝边尺寸（100mm）＋窗帘闭合时重叠的用布量（这是为了保证窗帘拉上时重合位置没有缝隙）

另外，计算双掀式窗帘的主帘需要多少幅窗帘原料布，可以用主帘的宽度除以高度，制作主帘最终用布量则是主帘高度的用布量乘以窗帘幅数。

3.3.1 不同窗帘的用料计算

1. 1.5m定宽布的用料计算

窗帘总用料=（成品窗帘宽×打褶倍数÷幅宽）（得出的结果需要四舍五入）×（成品窗帘高+缝份或做边100mm）

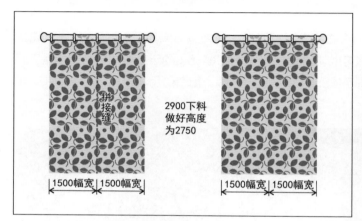

← 1.5m 的定宽布用料计算示意图

1.5m 的定宽布在裁剪时要先将下料分配好（即测量准确窗户所需窗帘的宽度），依据所要安装窗帘区域的宽度增加原料布幅数。

2. 2.8m幅宽的定高布的用料计算

帘身用料=成品窗帘宽×打褶倍数

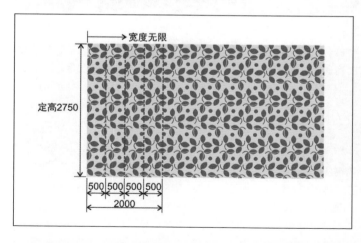

← 2.8m 定高布用料计算示意图

选用 2.8m 定高布制作工字褶帘头时可以按照设计图纸将原料布裁剪成大小一致的多个布块，然后捏褶做成所需的工字褶帘头。

★ 窗帘小知识

雪尼尔

　雪尼尔属于传统布料，厚重感强，垂感性也十分不错，多用于窗帘、沙发等软包。

3. 帘头的用料计算

工字褶帘头（非对花）用料=（成品窗帘宽×打褶倍数÷幅宽）（得出的结果需要进成整数）×帘头高度

工字褶帘头（对花位）用料=成品窗帘宽×打褶倍数÷花位个数

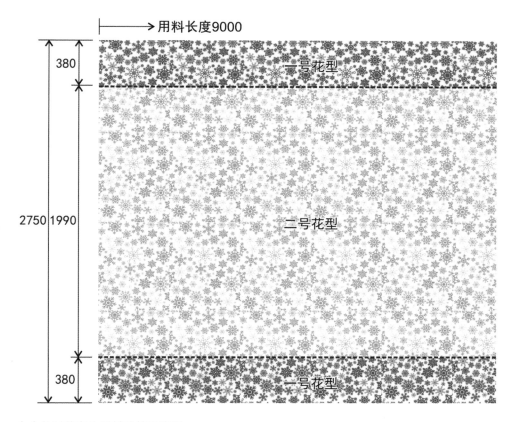

↑全色对花帘头用料计算示意图

全色对花的帘头会使窗 帘看起来更高档，但这种帘头只适用 于整卷布进货或者销量比较好的面料。

★窗帘小知识

色织面料

　　一般高支高密的色织提花面料具有比较细腻的触感，表面光泽好，但价格较高；粗支纱的色织面料则是粗而不犷，细而不腻的面料，受众面广，价格较适中。

3.3.2 排版不同用料不同

窗帘的排版方式多种多样，即使窗帘的款式、规格都一致，只要做法不一样，所需要的面料就会相差很多。

1. 直裁排版

直裁排版做出的水波线条会显得不太流畅，一般不建议用这种方式来裁剪水波纹。

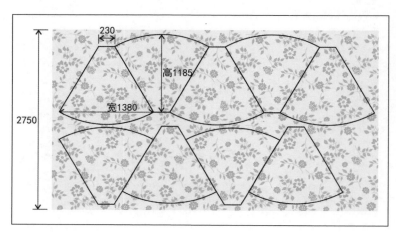

←直裁排版用料计算示意图

直裁排版的方式比较节省布料，但形式单一，不适合制作工艺复杂的窗帘。

2. 斜裁排版

斜裁排版经常用于水波剪裁，运用这种排版方式做出来的水波线条会很流畅。

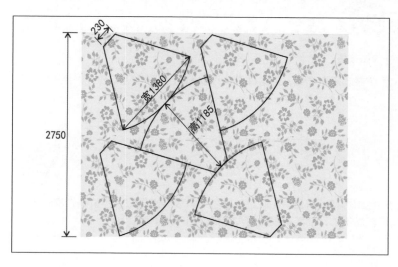

←斜裁排版用料计算示意图

斜裁排版的窗帘相较于直裁排版会更有设计感，设计的窗帘样式也会更丰富。

Chapter 3 制作窗帘前的准备

3. 对花位斜裁排版

对花位斜裁排版使用较少，适用于要求水波花位顺序一致整齐的窗帘。

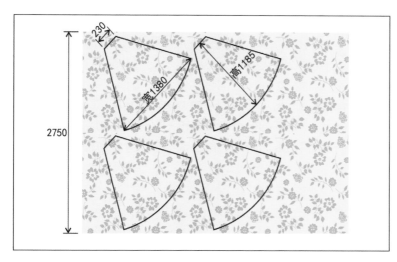

2750

宽1380

高1185

230

←对花位斜裁排版用料计算示意图

使用对花位斜裁排版制作的窗帘会显得比较高档，每块的花形要完全一致，但所用布料会比较多，尽量紧凑排列。

67

3.4 成本核算精准化

在窗帘制作的成本核算与报价的这个环节，实际上是需要长期实践才能精确计算出价格的。此外必须明确的是，窗帘的价格主要受布艺材料价格和人工工资价格两个方面影响，了解当地布艺材料市场与劳动力市场价格后，才能更便捷地计算窗帘制作的成本。

3.4.1 窗帘价格核算

下面以一套完整且复杂的布艺垂挂窗帘为例，窗帘的价格主要包含以下几个方面（见表3-1）。

表3-1 窗帘结构成本价格参考表

结构	图示	数量	单位	单价	备注
帘身布料		1	m	30～120元	窗帘布料根据厚薄和花型价格相差很大，该价格为中档价格区间，高度统一为2800mm，布料宽度一般为遮盖宽度的1.5～1.8倍，以布料宽度计价，超过2800mm需要缝接，缝接高度每1400mm为一个计价单位，即计为基本单价的50%
帘头布料		1	m	20～60元	以布料宽度计价，帘头布料高度一般不超过1400mm，可计为帘身布料单价的50%，超过1400mm即按2800mm计价
帘里布料		1	m	20～40元	较高档的窗帘会配上帘里布料，也就是在帘身布料的背面增加一层布料，相当于夹克服、西服的里面布料一样，计算方式与帘身布料相同，以布料宽度计价，但是价格较低

续表

结构	图示	数量	单位	单价	备注
纱帘布料	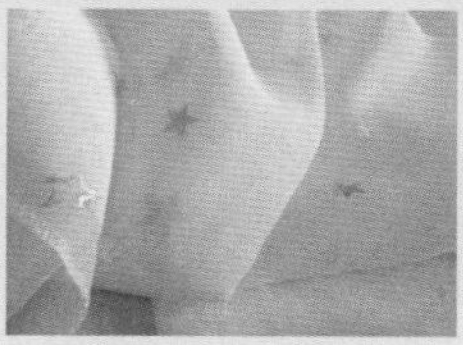	1	m	10~30元	纱帘布料比较单薄，位于帘身布料与窗户之间，计算方式与帘身布料相同，以布料宽度计价，但是价格较低
腰带		1	件	0元	与帘身布料同款，一般多用边角料制作，布料成本一般可忽略不计
布勾		1	件	2元	金属或塑料制品，以件计价
花边		1	m	10~30元	根据帘身布料的风格来搭配成品花边，花边缝制在帘身、帘头或腰带上，根据需要来 增加，一般以长度为计价方式，宽度一般为60~200mm
魔术贴		1	m	1~3元	将窗帘上各部件根据需要来安装、粘贴，以长度计价，宽度一般为20~60mm
滑轨穿杆	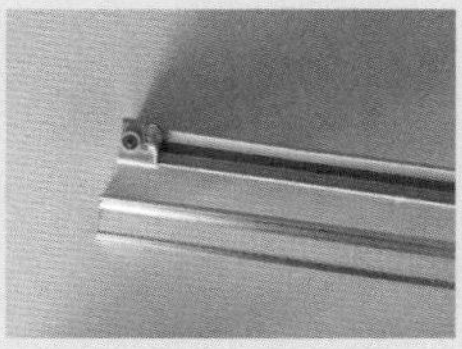	1	m	10~50元	用于安装窗帘的支撑部件，根据材质不同价格相差较大，一般为塑料、铝合金、不锈钢等材质，以长度计价，装饰性较强的穿杆两端还配有装饰帽头，需要单独按件计价
挂球		1	个	5~20元	工厂预制成品件，根据材质与造型的复杂程度不同而价格不同，以个计价

续表

结构	图示	数量	单位	单价	备注
配重块		1	个	1元	一般为铅块，多用于高档窗帘，隐藏在帘身与帘里面之间，增加窗帘的挺括感
电动机		1	个	100~200元	专用于电动窗帘，需要预留电源线或插座，一般安装在窗帘盒或吊顶中，部分高档产品还配有遥控器
其他五金配件		1	套	10~30元	每个窗户的窗帘安装还会使用膨胀螺钉、螺栓、挂环等各类五金配件，该价格为单个窗户安装窗帘的配件使用价格

备注：作为参考的布艺垂挂窗帘

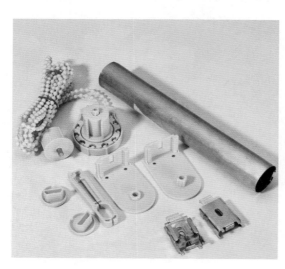

←卷帘五金配件

每一种窗帘都有相对应的五金配件，在选购或安装窗帘之前都需仔细检查五金配件的尺寸是否与窗帘相符，是否有损坏等。

3.4.2 人工价格核算

如今，随着市场经济的稳定发展，窗帘制作与安装的人工工资与全国各地建筑装饰安装行业工人工资相当，2018年全国建筑装饰安装行业平均工资为5500～8000元/月，工作日平均工资为350元/日。当然，部分沿海城市与内地二、三线城市的工资水平相差仍然很大，需要根据当地实际情况来计算。

以一套三室两厅120m²住宅为例，需要安装窗帘的窗户为7～9个，主要包括客厅、餐厅、3个房间、2个卫生间，部分住宅室内还要求安装阳台、厨房窗帘等，综合计算平均一个窗户所需要的窗帘面积为6m²（含垂挂窗帘的皱褶），平均按8个窗户计算，48m²窗帘面积，需要熟练的缝纫工加工2天，安装工安装1天，咨询、测量、计算、设计、物流人工综合计1天，人工工资为4天×350元＝1400元。

人工工资＝（缝纫工加工2天＋安装工安装1天＋前期准备、后期处理1天）×日工资350元/日＝1400元

注：具体人工工资价格要计算根据窗帘的复杂程度和当地窗帘市场需求状况来定。

★窗帘小知识

其他费用

除了上述材料费与人工费外，还有一些无形的费用也会在窗帘制作与安装过程中产生，如物流费、机械磨损费、税金及店面房屋租金等。

物流费是指用于窗帘材料选购后的运输费，现代装修行业的原材料大多通过网络购买，通过物流、快递公司，从厂家直接发货给加工经销商。机械磨损费是指缝纫机、侧边机等用于窗帘加工制作的机械与电锤、电钻等用于窗帘安装的机械，在使用过程中所产生的磨损费或折旧费。

税金则是指所开具发票需要向税务部门缴纳的税金，根据不同经营规模、性质、税种，需要缴纳3%～17%税金。店面房屋租金根据店面地段与经营方式来确定。

上述费用一般都会折算到窗帘的材料费与人工费中，更简单的计算方式是在材料费与人工费之和的基础上计入百分比，一般为20%～25%。

3.4.3 窗帘的利润与报价

在各个行业，利润与报价都是大家最关心的，其实这也是公开的秘密。绝大多数个体或小规模加工行业，都具有一定的竞争性和规范性，纯利润一般为20%～25%。也可以这样计算材料费与人工费属于直接成本，其他费用属于间接成本、利润与成本之间的关系是1:3。窗帘成本与报价案例对比参考表3-2。

窗帘利润＝总报价－{直接成本（材料费＋人工费）＋间接成本（指其他费用）}

其中，利润：成本＝1:3

加工经销商在面对客户时，给出的报价一般为直接成本的2～3倍，实际成交价格一般不会低于直接成本的2倍，那么纯利润一般为窗帘报价的20%～25%。具体价格以当地市场环境和加工经销商的经营方式来确定。

报价≈窗帘直接成本×（2～3倍）

实际成交价格≥窗帘直接成本×2

表3-2 窗帘成本与报价案例对比参考表

序号	名称	数量	单位	成本单价（元）	成本合价（元）	报价单价（元）	报价合价（元）
1	帘身布料	4.76	m	30	142.8	60	285.6
2	纱帘布料	4.76	m	15	71.4	30	142.8
3	腰带	2	件	0	0	15	15
4	布勾	2	件	2	4	4	8
5	滑轨穿杆	2.8	m	20	56	40	112
6	挂球	2	个	5	10	10	20
7	其他五金配件	1	套	15	15	30	30
8	加工人工	0.25	日	300	75	500	125
9	安装人工	0.25	日	300	75	500	125
10	合计				449.2		878.4
11	税金	3%					26.4
12	成本				449.2		

续表

序号	名称	数量	单位	成本单价（元）	成本合价（元）	报价单价（元）	报价合价（元）
13	报价				449.2		904.8
14	成交价						900
15	纯利润						225

备注：图中窗帘为本案例 比较对象，窗帘遮盖 部分总宽为2.8m，布 料高2.7m，宽为窗户的1.7倍

←卷帘成本计算

卷帘成本的计算与制作卷帘的材质有关，一般 PVC 材质的成本较低，且易清洗,布艺材质的卷帘成本则相对较高。

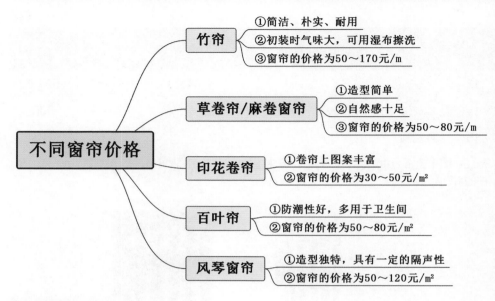

↑不同窗帘的价格

窗帘具体的价格还会随着窗帘市场的变动而有所变化，实际制作报价时需注意这一点，并核实价格是否属实。

本章小结：

了解窗帘的测量方法以及用料计算是制作窗帘报价的前提，而不同类型的窗帘有着不同的用料计算方式，要实现精准报价，首先窗帘的测量就必须准确，同时还必须了解清楚当时的人工费和其他成本费用，在保证基本利润的前提条件下给予消费者一个合适的价格。

Chapter 4

手把手教你制作窗帘

学习难度： ★★★★☆

重点概念： 卷式窗帘、韩褶窗帘、穿杆式窗帘、褶皱式窗帘、百叶窗帘

章节导读： 窗帘有不同的样式和不同的安装方式，看起来简单，实际操作起来却颇有些难度。了解窗帘以及窗帘的制作工艺，对于商家而言，有助于其分辨窗帘的质量好坏；对于使用者而言，可以了解窗帘的保养与清洁方面的知识，这也能有效延长窗帘的使用时间，且当家里的窗帘损坏时，可以很迅速地找出窗帘出现损坏的原因，并可以此作为参考为维修人员的工作节省时间。

4.1 造型简单的卷式窗帘

卷式窗帘又叫卷帘窗帘，依据开合方式主要可分为两种，一种是指采用卷取方式使软性材质的帘布向下倾斜与水平面夹角大于75°伸展、收回的遮阳装置；另外一种是采取卷管带动整幅窗帘上下卷动的方式来开合窗帘，主要适用于办公场所、写字楼、银行等区域。此外，相对于传统左右开合式的布艺窗帘而言，卷式窗帘使用会更方便。

4.1.1 了解卷帘样式

卷帘的样式多种多样，根据材质划分为阳光卷帘、半遮光卷帘与全遮光卷帘等，根据结构及操作方式又分为拉珠卷帘、弹簧卷帘以及电动卷帘等，下面介绍几种主要的卷式窗帘。

1. 阳光卷帘

阳光卷帘，是采用特殊方法编织而成的原料布制作成的窗帘，这种原料布中含有聚酯涤纶加PVC合成物，因此也被称为中透景卷帘。这种卷帘可以有效地阻挡紫外线，同时还能起到防止细菌滋生的作用，实用性比较强。

←阳光卷帘

由玻璃纤维阳光面料制作的卷帘可以很好地保持室内空气流通，同时这种卷帘还具有很好的阻燃性能和防潮性能，广泛适用于大型办公空间使用。

★窗帘小知识

卷帘安装注意事项

卷帘安装之前一定要画线定位，并确定好安装的孔距大小，相关的配件必须按照窗帘的尺寸来选择，质量必须达到要求，不可大意。

2. 半遮光卷帘

半遮光卷帘由半遮光面料组成，这种半遮光面料不仅可以很好地遮挡阳光，同时也能有效地保护使用者的隐私。此外，这种半遮光卷帘虽然可以起到阻挡紫外线的效果，但阳光依旧可以照射进室内，同时这种半遮光卷帘的原料布比较容易损坏，日常使用中要注意经常保养。

←半遮光卷帘

半遮光卷帘具有比较好的透光性，比较适用于不需要很多光照的区域，使用者可以透过卷帘看到室外的风景，这有助于放松心情。

3. 全遮光卷帘

全遮光卷帘具有良好的遮光功能，常用于办公场所中，目前全遮光卷帘又分为涂银全遮光卷帘、非涂银全遮光卷帘及涂白全遮光卷帘等多种。

↑全遮光面料

涂白全遮光面料较之涂银全遮光面料来说比较环保，涂银全遮光面料中所含有的银易挥发，不适用于家中有儿童和孕妇的家庭。

↑全遮光卷帘应用

全遮光卷帘一般适用于对隐私性要求非常高的区域，此外这种全遮光卷帘还可以起到很好的隔热作用。

4. 拉珠卷帘

拉珠卷帘由轴轮、珠轮、扭簧、卷轴及支撑板等配件组成，主要采用珠链拉动式来控制卷帘开合，开合卷帘要通过拉动拉珠，带动珠轮转动，此时扭簧松开方向受力使轴轮沿卷轴旋转和支撑板一起带动卷管旋转，从而使卷帘上、下移动。

←拉珠卷帘

拉绳式珠帘的卷式窗帘不适用于有儿童的住宅空间，一般多适用于办公区域的遮阳。

5. 弹簧卷帘

弹簧卷帘也被称为半自动卷帘，它的窗帘管中有弹簧装置，根据操作系统的不同可分为传统拉绳式弹簧卷帘、拉珠式弹簧卷帘、一控二式弹簧卷帘及助力弹簧卷帘等。

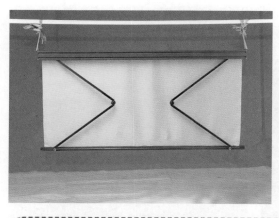

←弹簧卷帘

弹簧卷帘操作方便，拆卸也简便，通常在办公区域用到的频率比较高，具有一定的遮阳性。

★窗帘小知识

防火卷帘

防火卷帘多用于大型企业中，使用防火卷帘必须确保其主要零部件原材料厚度，导轨以及座板尺寸等符合标准，且部分企业在使用防火卷帘时不能与地面接触，以免引起火灾。

6. 电动卷帘

　　电动卷帘是以管状电动机为动力的一种电动化卷帘机构，它的电动机是直接安装在铝合金卷管内的，这种安装方式既减少了窗帘箱的体积和力的传动环节，又避免了外界对电动机的影响，同时还增加了机构的可靠性。

↑电动窗帘

↑电动窗帘构件

电动卷帘操作比较简单，建议选用质量比较轻的窗帘，这样不会给人以沉重感，也能很好地减轻电动卷帘的负重。

电动卷帘的卷管是优质铝合金材料，强度高，而且不易变形，具有很好的防老化、耐腐蚀功能，使用寿命较长。

★ 窗帘小知识

卷帘制头安装

　　卷帘的制头安装主要分为两种，一种是内装，即将制作好的卷帘放置在窗框合适的位置上，在窗框或者墙壁上标明制头螺丝的位置，用螺丝拧紧制头，将其安装在窗框上；另一种则是外装，和内装不同的是，这种方法不用将卷帘放置于窗框中，只需依据设计图纸，在窗框或者墙壁合适的位置用螺丝将制头钉住，并且将没有粒珠的制头上的可转动模式掀开。需要注意的是，制头的位置一定要对正，否则会出现卷帘安装倾斜的情况。

　　此外，在使用中还可以经常拉动卷帘，这样可以减少灰尘堆积成垢，还可以用鸡毛掸子掸除叶片上的灰尘，要注意不要在过于潮湿的地方使用卷帘，拉帘时尽量不要太用力，以免将卷帘拉坏。

7. 其他类别的卷帘

除此之外，还有几款卷帘在生活中使用的频率不高，具体说明见表4-1。

表4-1　其他类别的窗帘

类别	图示	材质	特色
竹制卷帘		竹质材料	遮阳性、透风性强，适合在夏季使用，竹子本身的自然气息会给人一种非常清爽、舒适的感觉，能让人返璞归真
藤艺卷帘		藤蔓	具备良好的防虫和防潮性
柔纱卷帘		柔纱	不易变色、积灰、变形，寿命长，且易于清洁保养，其横条可很好地调节进光量的大小，可为室内提供柔和、舒服的采光
日夜卷帘		纱、布	纱帘透光性好，布帘遮光性好，两者结合可很好地满足不同需求，日夜卷帘可将横式和竖式两种形式的窗帘相结合，为室内选择不同的投射阳光的方式
蜂巢卷帘		PVC材质	形状似蜂巢，具有良好的隔声、隔热功能，也能防紫外线，价格相对较贵，适用于别墅家居、办公楼及大型酒店等区域
垂直卷帘		PVC、纤维面料、铝合金、竹木	样式丰富，适用于办公区和别墅

4.1.2 卷帘的制作与选购

1. 按步骤制作卷帘

下面以卷式遮阳窗帘的制作方法为例进行具体说明，卷式遮阳窗帘和其他窗帘的制作流程一致，都是需要先计算用料，然后再选择材料、下料、裁剪，最后再组装。

（1）卷式遮阳窗帘的用料计算方法如下。

卷式遮阳窗帘的用料＝窗户内侧的纵向尺寸×窗户内侧的横向尺寸（不需要加窝边）

（2）一般卷式遮阳窗帘建议选择广告布，其宽幅是固定的，选好材料就可以按照设计图纸进行下料裁剪了，剪裁时要对折，一般依据尺寸裁剪。

（3）待所需布料裁剪结束后，即可开始组装，组装时要保证托杆的尺寸与卷帘的尺寸保持一致。

（4）卷帘的上下托杆分别锯切至成品尺寸大小，再用订书机将长塑料条固定到广告布的顶端和底端，每隔70～80mm订一处。

（5）装订时塑料条要分别钉在广告布的两面，这样是为了让托杆紧紧地固定住广告布，防止广告布脱落。

（6）所有塑料条订好后将广告布的顶端和底端插入到托杆中，把托杆的两端安上堵头，然后安上拉珠，拉珠既起到固定作用，又可以闭合窗帘。

（7）拉珠在墙面上的安装距离要与托杆的长度相同，至此卷式遮阳窗帘制作完成。

①合构造

③测量

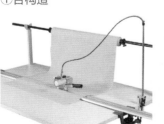
④裁剪

⑤组装

⑥安装、调试

2. 结合所需选购卷帘

　　在选购卷帘时除了要货比三家以外，还可以依据其他的方式来进行选购，在选购过程中可根据自己的需求来选择面料。此外，遮光性是最基本的选择，选购时还要依据功能性来选择，一般布质卷帘比较隔音，能遮阳，光线柔和，左右开合也会比较方便，可以将窗户全部打开。

↑依据室内色彩来选购

卷帘的颜色要能与室内整体色彩相衬，色彩不可太过跳跃，也不可太过沉闷，这两种极端都会给人不好的感觉。

↑依据所需的透光度来考虑

不同的区域要求有不同的采光，在选购卷帘时要依据使用者对阳光的接受程度来决定卷帘是否遮光以及具体的遮光程度。

←卷帘选购

会议室、培训室、经理办公室及客户接待室等如果要使用卷帘建议使用布帘比较好，布质卷帘良好的隔声性更有利于谈话，其柔软性也能营造一个轻松的谈话环境。一般的办公室建议采用办公卷帘，材质工艺多样，有印花、提花面料，不同档次，价格也有不同，大家可以根据自己的经济情况自行选择。

4.2 少女心十足的韩褶窗帘

韩褶窗帘又称韩式褶皱窗帘,它是将窗帘按照1:2或者其他比例制作成拥有"封闭"的褶皱的一种窗帘,样式美观,立体感较强。

4.2.1 分类了解韩褶窗帘

在制作韩褶窗帘时,一般分为对花韩褶、不对花韩褶、酒杯褶及韩式固定褶等,这里对常用的几种韩褶窗帘进行具体介绍。

↑对花韩褶窗帘

对花韩褶窗帘具有对称感,其褶皱能够凸显花型的特点。

↑不对花韩褶窗帘

不对花韩褶窗帘花型排列自由,但也有一定的规律,设计具有不对称美。

↑酒杯褶窗帘

酒杯褶窗帘因褶型极似酒杯而得名,有序排列的酒杯褶给窗帘增添了艺术感,使其显得更立体化。

↑韩式固定褶窗帘

韩式固定褶窗帘是生活中常用到的一种窗帘,褶型样式较单一,但与传统窗帘相比款型美观。

此外在制作韩褶窗帘时要注意沿着布料固定的脉络去剪裁，这样做出来的花形才会更好看，也能减少布料的损耗量，裁剪时速度要控制好，不能求快，以免弄伤手或者将布料剪偏，造成浪费。

裁剪时可以沿着布料的脉络纹理进行，即沿着布料的平行边剪裁，在裁剪布料长度以及需要横跨布料长度时，横跨布料宽幅的横头（裁剪边缘）必须要拉直，这一点要重视，拉直后的布料纹路会更清晰，更方便剪裁。

↑ 窗帘锁边

车缝侧边之后要再加缝有纺布带，这是为了增强窗帘的锁边效果，也可以缓解窗帘拉线的尴尬情况。

↑ 韩褶窗帘用料

一个韩褶做好后的基本用料是120 ～ 150mm，韩褶之间的褶间距为120 ～ 180mm，在设计窗帘造型之前要考虑好这些数据。

↑ 韩褶窗帘材质选择

住宅空间中儿童经常出入的区域，例如书房或者儿童房使用韩褶窗帘时要注意布料不要选择太厚的，建议使用柔软度比较高的纱质窗帘。

↑ 韩褶窗帘色彩选择

选择韩褶窗帘的布料时尽量选择颜色比较温和的，这样和各类韩褶搭配在一起才不会显得突兀，也能体现韩褶窗帘的清新感。

4.2.2　韩褶窗帘的制作

这里主要介绍对花韩褶窗帘的制作方法，对花韩褶窗帘样式比较好看，使用率也逐年增加，对花韩褶窗帘的制作主要分为用料计算、褶位计算、裁剪布料以及车缝收边四个步骤。在裁剪布料时要注意花位对准花位，车缝时以花朵的最中心捏褶车缝，注意控制好两侧边距（一侧的边距一般为40mm）、韩褶、对花及褶间距。下面介绍下料和褶位的计算方法。

1.下料的计算方法

下料宽＝成品帘宽×2

花朵数＝下料宽÷花距（得出的结果需要进位成整双数，此处为两片帘的花朵数）

褶间距＝成品帘宽÷（花朵数－1）（此处的花朵数为单片窗帘花朵数，且成品帘宽是所有褶间距的总和）

单个褶用料＝花距－褶间距

花距指两个对花中心之间的距离，花朵数越多，褶间距越小，单个褶的用料量会相应变大，帘宽建议制作大一些，方便后期修改。

↑布条式韩褶窗帘

布条式韩褶窗帘只能穿插到罗马杆上，开合不是很灵活，适用于面积比较小的窗型以及田园装修风格。

↑制作后的处理

制作完成后应用熨斗熨顺，熨的时候要将窗帘的上、下两边拉扯一下，这样可使窗帘垂挂时更柔顺，不会有多余的褶皱产生。

2. 褶位的计算方法

褶位总用料＝折边后宽度－成品帘宽－边距（这里的边距是指两侧的边距，一般为80mm）

褶个数＝褶位总用料÷160mm（160mm为褶间距，基本固定，最后得出的褶个数取整数）

单个褶用料＝褶位总用料÷褶个数

下料时以布料最两边的花朵中心为中心提前预留出半个褶位、边距以及车缝帘身时的折边并标记单个褶用料、褶间距和边距，方便剪裁。

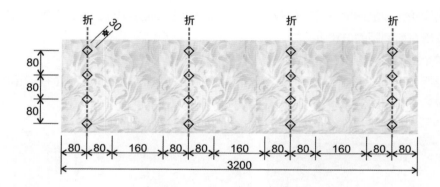

↑对花打褶示意图

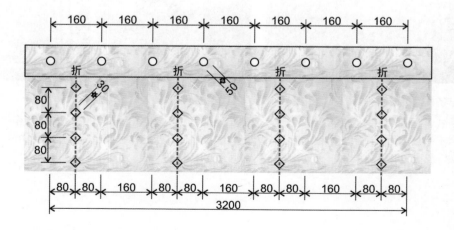

↑对花打孔示意图

4.3　灵活的穿杆式窗帘

　　穿杆式窗帘属于众多窗帘样式中的一种，由于安装便捷、价格较实惠，因而在日常生活中使用率比较高，它不用挂钩，而是在窗帘顶端依据尺寸打孔，再套上各种款式的环形圈，配合罗马杆将窗帘支撑起来。

↑穿杆式窗帘安装

穿杆式窗帘安装在房顶和天花板时，罗马杆与 墙壁的距离应该控制在 60 ~ 100mm，这样 可以防止窗帘开合时，摩擦墙面，污损窗帘布。

↑穿杆式窗帘制作

穿杆式窗帘的罗马杆一般会使用铝合金罗马杆、塑钢罗马杆和欧式罗马杆，质量较重，收拉太过用力可能会导致罗马杆脱落，不建议用于儿童房。

↑穿杆式窗帘圆环

穿杆加工线帘时会有 5 ~ 10cm 的损耗，建议购买稍宽一些的原料布，且在选择穿杆式窗帘的圆环时建议选择稍大一些的铁圈，比较方便开启窗帘。

↑有腰带的穿杆窗帘

在计算穿杆式窗帘的用布量时要考虑到使用者是否需要额外添加窗帘腰带，如果需要则应在整体用布量上加 200mm。

4.3.1　样式丰富的穿杆窗帘

穿杆式窗帘主要有普通穿杆式、对花位穿杆式、拼色穿杆式和可调节高度的穿杆式窗帘，大家可以根据需要进行选择。

1. 普通穿杆式窗帘

普通穿杆式窗帘一般选用单色布或者印花布作为窗帘的原料布，制作工艺比较简单，适用于面积比较小的卧室。

普通穿杆式窗帘的制作流程也比较简单，先是要确定成品窗帘的规格，依据规格计算出相应的用布量，其计算内容主要包括布用量、打孔个数及孔间距。

用布量＝帘身的用量＋配布的用量

帘身的用量＝成品窗帘宽×打褶倍数

打孔个数＝帘身宽度×6（将得出的结果进位成整双数，这个数字为打孔个数）

孔间距＝帘身宽度÷孔个数（一般孔间距在160～180mm）

其中窗帘配布的用布量要依据窗帘的具体造型而定，造型越复杂，配布用量越大。在确定成品窗帘的规格之后，就可以依据设计图纸来进行制作了，在制作之前要记得提前准备好裁剪工具和所需的原料布。

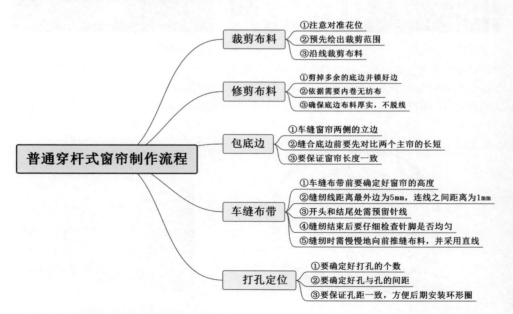

↑普通穿杆式窗帘制作流程示意图

2. 对花位穿杆式窗帘

对花位穿杆式窗帘相对于其他窗帘而言，样式更美观，纹案也更立体。在制作时，一定要按照花位进行剪裁，如果没有对照花位进行剪裁，即使下料宽与对开花型对称，对开后的花形也不能对花，甚至可能会造成花型错位。

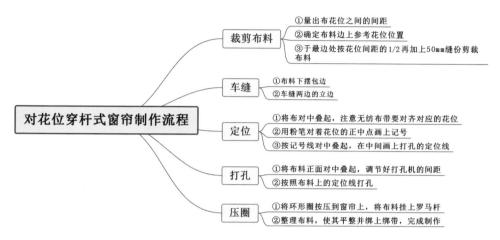

对花位穿杆式窗帘制作流程

裁剪布料
①量出布花位之间的间距
②确定布料边上参考花位位置
③于最边处按花位间距的1/2再加上50mm缝份剪裁布料

车缝
①布料下摆包边
②车缝两边的立边

定位
①将布对中叠起，注意无纺布带要对齐对应的花位
②用粉笔对着花位的正中点画上记号
③按记号线对中叠起，在中间画上打孔的定位线

打孔
①将布料正面对中叠起，调节好打孔机的间距
②按照布料上的定位线打孔

压圈
①将环形圈按压到窗帘上，将布料挂上罗马杆
②整理布料，使其平整并绑上绑带，完成制作

↑ 对花位穿杆式窗帘制作流程示意图

↑ 对花位穿杆窗帘制作

制作对花位穿杆式窗帘时可将花位定在折的凸出位置，这样会使窗帘看起来更立体、美观。

↑ 对花位穿杆窗帘的帘头

制作对花位穿杆式窗帘时要注意帘头和底边锁边，以防使用中和清洗时开线。

3. 拼色穿杆式窗帘

拼色穿杆式窗帘适用性比较广泛，主要是在普通的窗帘布上加了配色布，使整体窗帘在视觉感官上更具有魅力。配色布有点类似于我们常说的"色卡"，它拥有绚丽的色彩、多变的造型，既可以分段拼接，也能做成其他具有特色的造型。

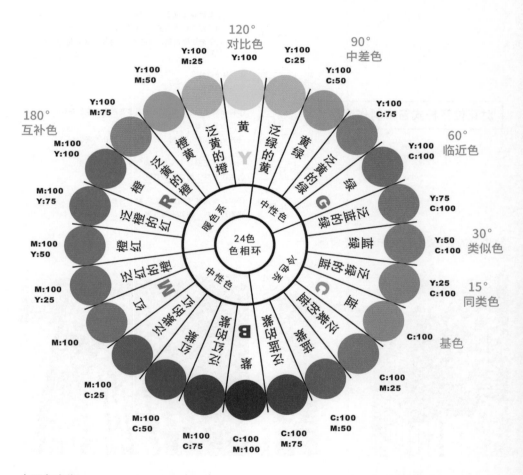

↑ 配色参考

拼色穿杆窗帘的配色布要选择色系搭配的，要依据使用环境和使用对象来选择。

↑ 配色布

窗帘配色布的材质要与窗帘基本布料相匹配或者相一致，可以能强化窗帘的整体感。

↑ 拼色穿杆式窗帘布料纹理

拼色穿杆窗帘在裁剪布料时要沿着布料纹理走，保证做好的成品有足够的垂坠感。

↑ 拼色穿杆式窗帘色布拼接

拼色穿杆式窗帘可以造型拼接，这种拼色不仅丰富了色彩，也提高了档次，但需注意拼色穿杆式窗帘需要在裁剪之前确定好拼色的款式，并规划好色布的拼接尺寸。

↑ 拼色穿杆式拼接要注重搭配感

拼色穿杆式窗帘还可以选择大色块拼接，但要注意窗帘的色系与房子的整体颜色相和谐，且需在锁边之后将拼色布贴在主布上再车缝。

　　拼色穿杆式窗帘制作流程和上文所介绍的几种窗帘制作流程基本一致，主要就是确定成品窗帘尺寸；按照对花位剪裁面料；依据设计图纸剪裁布料，然后锁边，车好布边、底边和无纺布带；以及最后的打孔和安装罗马杆。

　　拼色穿杆式窗帘在进行大色块的拼接时，有几种不同的拼接方式，具体说明见表4-2。

表4-2　拼色穿杆式窗帘的不同拼接方式

拼接方式	图示	备注
双拼		可以弥补单色调房间带来的枯燥感，建议选用房间内软装的两个主色调作为双拼色，这样也能有效与整体统一
三拼		比较新颖，且具有浓郁的设计气息，可适用于房间内墙面颜色也是三色的情况
不等比拼		比较适用于面积较大的空间或者美、欧式装修风格的空间中
渐变拼		渐变色与整体空间的主色调相呼应，窗帘与空间能够形成一种和谐感
左右对拼		左、右两扇窗帘用不同的颜色，更具艺术感，建议选用相近色或者互补色
混色拼		是指运用多种纯色调组合的一种拼色方法。纯色调的窗帘相互搭配也会形成不一样的感觉
拼布		不同色调的布块缝制在一起极具几何感，但要注意整体搭配的和谐感。这种拼色方式比较适合异域风或民族风

备注：纯色调的窗帘布拼接在一起，既不会太单调，也不会太张扬，同时与周边家具相匹配，也能给整体空间增添美感。此外，制作渐变色的穿杆式窗帘在材质上建议选择轻纱类，这种整体的渐变能带给人一种神秘感

4.3.2　穿杆窗帘的裁剪

穿杆窗帘的裁剪主要有两种方法，第一种是计算裁剪调试捏折，这种方式做出来的水波需要调试，容易变形，不建议使用；第二种是摆布裁剪法，它是在第一种的方法上进行改进，不需要计算，不需要调试捏折，更不用拉绳，一次裁剪，直接车缝，一次成形，比第一种方法要节约更多的时 间，样式也更美观。

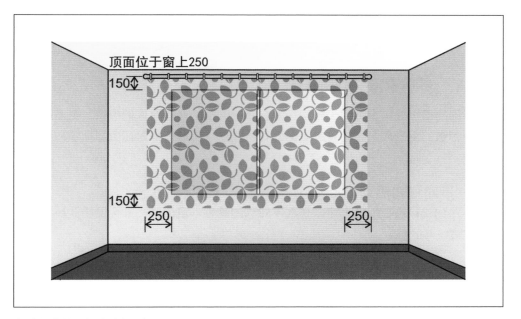

↑ 裁剪前的设想窗帘与测量

在测量时所说的尺寸并不是窗户的宽度，而是指窗帘覆盖窗户后的宽度，一般需要和罗马杆保持一致，测量时基本是以窗户的宽度为基准，向两侧再延伸 200 ~ 350mm。

★ 窗帘小问答　

Q：如何保证裁剪出来的窗帘布料是平整的?

A：首先先将布平铺在地板上，对中叠平，折叠时布的边要对齐，找出中线，然后沿中线将布拿起，在布下面最靠边的地方打一个剪口，并用一根长的轨道对好上、下两个剪口，画一条直线，然后把多余不齐的部分剪掉。

布做齐之后，即可开始剪裁，右手拇指和中指拿尺，布的边靠着尺，用食指压住布，让布自然下垂，左手顶住大约在 1m 的位置，一米一米地量，量好尺寸后，将布对中叠起，使其两边对齐，对齐后要抖一抖，防止布的中间粘连在一起，最后平铺在地板上，用剪刀对中裁下，对着中间线一直平裁下去，这样剪出的布就会是很平整的。

4.4 样式繁复的褶皱式窗帘

褶皱式窗帘是指按照窗户的实际宽度将窗帘布料以一定比例加宽形成各种褶皱的一种窗帘。褶皱式窗帘的帘头褶皱样式丰富，与其他窗帘相比更飘逸、灵动。

4.4.1 多样化的褶皱样式

不同的褶皱式窗帘适用于不同空间，多变的褶皱样式为人们提供了更多选择的机会，褶皱的色系应当在帘身的基础上有所变化，例如帘身是蓝色，褶皱则可以选择白色。

1. 不对称式褶皱

不对称式褶皱在视觉上可以形成不对称的美感，且这种褶皱会使帘头在视觉上有一种被拉偏的感觉。

2. 自然垂落的多重褶皱

多重褶皱的窗帘本身质地较重，会自然垂落，这种窗帘适合多扇窗户组合在一起的情况，能给人优雅的感觉。

↑不对称式褶皱

不对称式褶皱的帘头除了样式的不对称外，色彩上也可以不对称、不统一。

↑多重褶皱

拥有多重褶皱的帘头适合选用棉、麻材质的原料布，一般用于空高比较高的区域。

3. 百合花形褶皱

百合花形褶皱指在平整的长方形帘头上镶上百合花形状的褶皱，帘头的底边则以曲线相连，这种窗帘不管是颜色还是帘头的造型都非常有设计感，比较适合落地窗。

←百合花形褶皱

百合花形的褶皱使帘头更具有立体感，窗帘整 体也会给人一种清新自然的感觉，比较适合搭配纯色面料的帘身。

4. 平行式褶皱

平行式褶皱的帘头采用了长方形的简洁造型，并配以多条褶皱以平行线的方式出现，一方面平衡了窗子的细长造型，另一方面平行式褶皱自然形成一种拼花效果，使帘头更具欣赏性。

←平行式褶皱

平行式褶皱的帘头制作比较简单，整体给人的 感觉比较干净、整洁，搭配一些精致的小饰品会 给整个窗帘增添不少色彩。

★ 窗帘小知识

蝴蝶结装饰的帘头

　制作蝴蝶结装饰帘头如果使用与帘身相同的面料，得到的视觉效果将会更好，且这种用蝴蝶结造型的布艺充当窗帘环缝在帘头上，也能创造出别具特色的观赏效果。

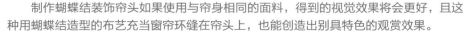

5. 错落式褶皱

错落式褶皱指的是帘头上三个大大的垂褶以错落的方式排列，两侧均配有独具特色的小件装饰物，适合窗型比较大的窗户，以落地窗为主。

←错落式褶皱

错落式褶皱的帘头很适合摩尔登田园风格的窗 帘，窗帘整体能给人很好的观赏性。

6. 自然随意的帘头褶皱

自然随意的帘头褶皱在视觉上会给人一种轻松的感觉，适合选用质地比较轻柔的布料。

←自然随意的帘头褶皱

自然随意的帘头褶皱样式可在布料的缠绕方式上下功夫，选择不同缠绕方式，最后效果也会有所不 同。

★窗帘小知识

窗帘的褶皱

窗帘的褶皱是指按照窗户的实际宽度将窗帘布料以一定比例加宽的做法，褶皱之后的窗帘更能彰显其飘逸、灵动的效果，且通过使用不同的工具能够制作出不同造型的褶皱样式，具体选择可依据自身喜好来定。

7. 竖形褶皱

帘头为竖形褶皱的窗帘采用的是规则的竖褶设计，适合选用棉麻质地的原布料。

←竖形褶皱

帘头为竖形褶皱的窗帘在视觉感官上会给人一 种有序感和质朴感。

8. 古典式褶皱

古典式褶皱是指帘头与帘体选择了完全一致的纯色面料，极具古典气息，这种古典的帘头褶皱方式既优雅庄重，又不会令人有压抑感，适合古典装饰风格和欧式装饰风格。

←古典式褶皱

古典式褶皱的帘头比较具有统一性，可以选择 质地稍微厚一些的布料，显得庄重。

★ 窗帘小知识

窗帘帘头设计

　　帘头的丰富造型赋予了窗帘不同的魅力，它的造型可以说是直接决定了窗帘的风格，繁复华丽的帘头能给人一种雍容华贵的感觉，这决定了窗帘的欧式风格；简约理性的帘头决定了窗帘的简约风格；感性浪漫的帘头则决定了窗帘的韩式风格。

　　所有与帘头相配的花边、束带以及褶皱的设计都会受到影响，而花边、束带以及帘头的褶皱又能烘托出整幅窗帘的生气，因此在设计时一定要从不同色彩、材质和造型来考虑帘头，要从设计上传达出独特的审美格调。

4.4.2 褶皱式窗帘的制作与用料计算

1. 褶皱式窗帘制作

依据帘头褶皱的不同，其制作方式也会稍有不同，但大致流程和韩式褶皱窗帘一致，都是先确定好成品窗帘的尺寸和款型，然后计算相应的用布量，依据设计图纸在布料上勾画好褶位、边距等，再进行剪裁，最后收边、装杆。

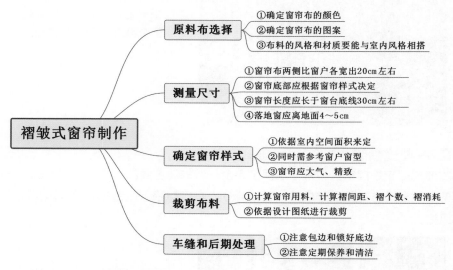

↑褶皱式窗帘制作流程示意图

2. 褶皱式窗帘用料计算

下面介绍相应的计算公式。

布宽＝窗户宽度×2（褶皱的倍数）

一般家用窗帘用1.5倍的帘头褶皱就足够，但为了美观，选用帘头褶皱为2倍的窗帘会更适宜，窗帘如果做成非整面墙，测量的宽度则除去窗户宽度外还需加上窗户两侧各 150～300mm 的宽度，这样可以保证窗帘两侧无缝隙漏光，半高窗帘的高度测量则是在窗框的高度基础上再加上200～300mm。

褶用料＝半成品窗帘宽－成品窗帘宽

这里的半成品窗帘宽指的是已经车好边和无纺布之后的窗帘宽度；成品窗帘宽指的是已经打好褶，完全做好的窗帘宽度。

褶个数＝成品窗帘宽×6（得出的结果要取整数）

褶 大小＝（褶用料－布边距）÷褶个数

褶间距＝成品窗帘宽÷（褶个数－1）

4.5 美观简洁的百叶窗帘

　　百叶窗帘在近几年运用十分频繁，但更多的还是运用于办公区域，它是由很多薄片连接折叠而成，具有通风、隔声、遮阳的功能，可分为固定式和活动式，也可分为横向式和竖向式，设计比较美观的百叶窗帘也能用来装饰家居生活。

↑百叶窗帘暗装

暗装（指百叶窗帘镶挂在窗户口里面）一般用于面积较小的室内空间，安装时百叶窗帘的长度应该与窗户高度一致，宽度一般要往窗户左、右各缩小 100mm 左右。

↑百叶窗帘明装

明装（指百叶窗帘挂在窗户外面）适用于大房间，安装时百叶窗帘的长度应该比窗户的高度高出 100mm 左右，宽度比窗户两边各宽50mm 左右。

↑百叶帘窗选购

百叶窗帘在选购时要选择冷暖色调相协调的色系，并能与家具相匹配，例如棕红色的家具，可选用粉红色或香槟色的百叶帘。

↑百叶窗帘选购

不同的区域适合选择不同材质和不同颜色及图案的百叶窗帘，例如书房一般会选择灰色或白色的百叶窗帘。

4.5.1 横向百叶窗帘

横向百叶窗帘主要由多条横向排列的叶片组成，可自由调节光线，叶片的材质选择多种多样，比较常见的有纤维叶片、木叶片及铝合金叶片。

↑纤维叶片的百叶窗帘

纤维叶片具有比较好的防潮湿、防紫外线的性能，同时纤维叶片也十分耐热，且不会轻易褪色。

↑木质叶片的百叶窗帘

木质叶片的百叶窗帘质地较厚，安装之前需做防虫蛀处理，同时木质叶片天然的纹理能赋予室内更浓郁的质朴感。

←铝合金叶片的百叶窗帘

铝百叶窗帘采用的是 89mm 的铝合金叶片，其表面具有金属光泽，耐磨，不老化，易于清洁，但重量较重，开合会产生少许噪声。

★窗帘小知识

百叶窗帘的选购

百叶窗帘的颜色要与室内空间中家具和墙壁的色彩相互协调，例如墙壁为米黄色或白色，则百叶窗帘则可选择象牙色或白色；其次，在选购时还需注意百叶窗帘的图案，一般置于客厅的百叶窗帘，应选用带有瀑布山水图案的，以增强室内大气质感。

4.5.2　竖向百叶窗帘

竖向百叶窗帘主要由多条纵向排列的叶片组成，同样可自由调节光线，价格比较实惠，多为白色。

竖向百叶窗帘主要是利用叶片的左右凹凸来阻挡外界视线，既能获取合适的采光，同时又能有效地保护室内隐私，且将叶片的凸面朝向室内时，灯光所产生的阴影不会映显到室外，整个空间都会显得十分洁净不凌乱。

和横向百叶窗帘一样，竖向百叶窗帘采用了隔热性好的材料，既能有效保持室内温度，又能节省能源，竖向百叶窗帘的操作也十分简单，主要通过调整叶片角度来控制射入的光线。

↑竖向百叶窗帘

竖向百叶窗帘特性几乎和横向百叶窗帘一致，它能够有效阻挡紫外线的射入，同时还能够延长室内空间中家具的固色性。

↑竖向百叶窗帘

竖向百叶窗帘拥有固定式的安装和厚实的质地，且具备良好的通风性能，运用于办公空间中时可以很好地增强空间愉悦感。

★**窗帘小知识**

窗帘轨道

窗帘轨道一般分直路轨和弯轨，采用优质铝合金型材制作，开合流畅，表面经氧化磨砂处理，细腻光滑，使用寿命长，其导轨四级齿轮调节杆则是由直径为 5mm 的铝芯构成，并采用纯铜螺帽和工程塑料固定。

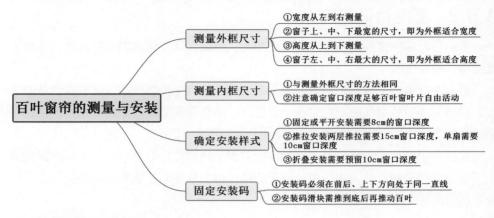

↑ 百叶窗帘的测量与安装

本章小结：

丰富的窗帘样式为消费者提供了更多的审美可能，同时随着科技的强化，窗帘的功能也越加强大，不仅能够满足消费者的基本生活需求，同时还能提升公众审美，在未来，窗帘的样式和应用范围也将会更广泛。

Chapter 5
常见的工字褶帘头

学习难度： ★★★★☆

重点概念： 水平工字褶、波浪工字褶、波浪菱形工字褶、波浪双层帘头

章节导读： 样式多变的工字褶帘头赋予了窗帘更多的可能性，这种工字褶帘头做工细致，不仅丰富了窗帘的内容，同时也有效地提升了窗帘的观赏性。工字褶是现在比较流行的一种打褶方式，它的风格比较百搭，性价比也较高。

5.1 平底水平工字褶帘头

平底水平工字褶帘头的褶皱比较平整，款式也比较简单，属于工字褶帘头中最常用的一种，通常用于现代简约风格及田园风格中。

5.1.1 用料计算与剪裁

平底水平工字褶帘头整体会给人一种有序感，不杂乱，且平整排列的褶皱偶尔也能与波浪帘头或者小饰品相搭配。要将平底水平工字褶帘头制作得更精美，下料就必须准确，褶与褶之间要控制好间距，一般间距在50~100mm，具体依据情况而定。

平底水平工字褶帘头的下料计算方式。

下料宽＝帘头宽×3（工字褶每个褶基本为3层，所以要乘以3）＋折边＋缝口

帘头高＝帘身高度的1/8（高度在350~400mm）

←布料剪裁

按照窗宽和窗高计算出所需的用布量后就可以裁剪布料了，注意下剪时要准、直，不能有偏差。

布料裁剪好之后即可开始制作工作，锁边时要将布料边角对齐，多余的部分要及时裁剪掉，锁好边之后就可以依据设计图纸进行褶皱款式的捏褶，捏褶时要注意褶皱大小的均称度，最好提前计算好需要捏褶的个数以及褶皱的大小。捏褶结束之后选择合适的包边条进行车缝，还可以选择相搭配的小饰品，将其车缝到帘头上，车边结束之后将腰头车缝上，至此平底水平工字褶帘头制作完成。

　　此外，平底水平工字褶帘头和韩褶帘头一样，也可以分为对花位剪裁和不对花位剪裁，花位不同，所需的用布量也不同，这一点在制作之前一定要确定清楚。不同的对花位方式，所采取的排版方式也会有所不同，如果是用一块布专门制作帘头的话，一定要注意每一个帘头要用一个完整的花位，以此来保证平底水平工字褶帘头的平整度。

↑平底水平工字褶帘头的搭配

平底水平工字褶帘头与现代简约风格的窗帘相搭配时，能够体现出现代简约风格窗帘简洁的特点。

↑平底水平工字褶帘头与其他帘头搭配

平底水平工字褶帘头与其他帘头相搭配时，丰富 的层次感可以加强窗帘的清新感，田园风会更浓。

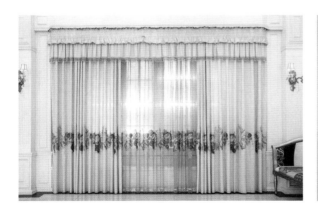

↑平底水平工字褶帘头用于普通窗帘

平底水平工字褶帘头用于普通窗的窗帘时，帘头高450 ~ 600mm，这样整体比例会显 得比较协调。

↑平底水平工字褶帘头用于飘窗

平底水平工字褶帘头用于飘窗的窗帘时，帘头高 300 ~ 450mm，依据个人喜好还可以 再做调整。

5.1.2 巧妙DIY丰富帘头的视觉效果

为了使平底水平工字褶帘头更具有视觉美感，还可以自己DIY，可以将相配的饰带车缝到帘头上，如蝴蝶结DIY，即将饰带结成蝴蝶结，按照一定的构图缝到帘头上，可以选择两种颜色的饰带，一种深于帘布，一种浅于帘布，记住要按照一定距离，一排缝上深色蝴蝶结，一排错开位置缝上浅色蝴蝶结，这样也能使帘头具有动态的、立体的效果；还可以在帘头的布料上做一些改变，例如选用不同颜色的布料将其拼接，这样制作出来的水平工字褶帘头也会更具有设计感与艺术感。

↑利用装饰饰带丰富视觉效果

将剩余的饰带结成不同的图案，一方面节省了布料，另一方面也能使水平工字褶帘头更灵动。

↑不同材质的拼接

不论是材质的不同拼接还是不同色系的相撞，都会让平底水平工字褶帘头在视觉有一种冲击美感。

★ 窗帘小知识

窗帘窗幔

窗帘窗幔有很多种形式，如单波幔、双波幔、抽褶幔、褶裥幔、工字幔、平板幔、开关平板幔、明杆幔及莫兰帷幔等。其中，波幔中最主要的造型结构是帝王式旗和金士顿式旗，抽褶幔主要通过抽褶方式来制造出造型；褶裥幔则是像窗帘一样，相对比较节省面料；明杆幔则是将艺术杆、装饰钩等融合到整体造型中的窗幔。

5.2　波浪工字褶帘头

　　波浪工字褶帘头版型比纯工字褶帘头要更具备观赏性，且能搭配更多的配饰，整体制作流程较波浪菱形工字褶帘头要简单，但裁剪方式会更多样化，而因剪裁方式的不同，最后制作出来的帘头也会有所不同。

5.2.1　不同波浪的剪裁

1. 两个波浪的剪裁

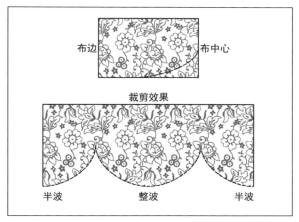

←两个波浪的剪裁示意图一

两个波浪的剪裁可以沿布中心画弧线裁剪，剪出的波浪比较圆润，剪裁时将布叠成 4 层，即对 中再对中折，然后依据设计图纸剪裁。

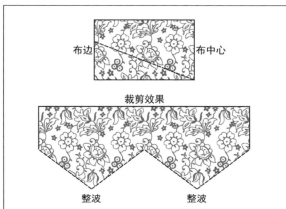

←两个波浪的剪裁示意图二

两个波浪的剪裁还可以沿着布边画直线剪裁，这种剪裁方式呈现出来的波浪比较硬朗，适合不 是很柔软的面料。

2.三个波浪的剪裁

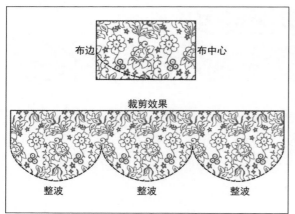

←三个波浪的剪裁示意图

要让剪裁出来的三个波浪都比较圆润，首先下剪的弧度要控制好，最好一剪到位，另外波浪的大 小也要提前设定好。

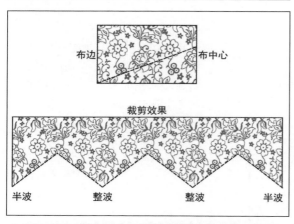

←三个波浪的剪裁示意图

沿布中心画直线剪裁的方式，呈现的是两个整 波，两个半波，剪裁时都应将布叠成 6 层，即对 中叠后平均分成 3 份折叠。

←三个波浪的剪裁

采用三个波浪的剪裁制造出来的窗帘在样式上会更显丰富，且层次感也会更强。

3. 四个波浪的剪裁

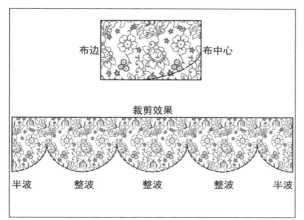

←四个波浪的剪裁示意图

四个波浪的剪裁如果是沿布中心画弧线剪裁，呈现出的波浪则是三个整波、两个半波，波纹会相对比较平滑。

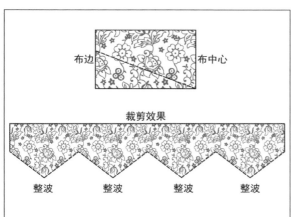

←四个波浪的剪裁示意图

四个波浪的剪裁如果是沿布边画横线剪裁，呈 现出的则是四个有菱角的整波，剪裁四个波浪 时，将布料叠成8层，即对中折一对中折一再对中折。

←四个波浪的剪裁

采用四个波浪的剪裁制造出来的窗帘波纹有序起伏，具有比较强的观赏性，适用于比较柔软的布料。

4. 五个波浪的剪裁

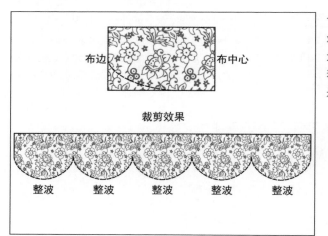

←五个波浪的剪裁示意图

将布叠成 10 层，即对中折后平均分成 5 份再次折叠，然后再沿着布边画弧线剪裁，呈现出来的是五个弧度一致的整波。

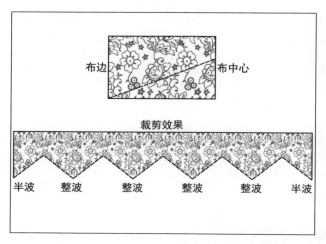

←五个波浪的剪裁示意图

将布叠成 10 层，然后再沿着布中线画直线剪裁，呈现出来的是四个整波和两个半波，波浪起伏度较大。

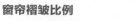

★窗帘小知识

窗帘褶皱比例

　　一般窗户宽度和窗帘布的比例是 1 : 2（也就是两倍褶皱），其计算公式为：窗帘布的宽度＝窗户的宽度 ×2(2 倍褶皱在遮光、隔音方面与 1.5 倍褶皱差别不大，只是 2 倍相对比较美观）。如果窗帘做成非整面墙的，窗帘布的宽度则为窗户宽度加上窗户两侧各 150～300mm，这也能保证窗帘两侧无缝隙漏光；另外，半高窗帘的长度为窗框高度加上 200～300mm，落地窗帘则一般离地面 100～200mm。

5.2.2 拼接对花位剪裁

拼接对花位剪裁首先需要将花位对准，要提前测量好褶皱之间的间距与花位之间的间距，依据对花位的图案来进行布料的剪裁，选择拼接的花位要有一定的相似度，不能太过杂乱，拼接密度一定要适中，过密就会导致波浪工字褶的褶皱变得紧凑、紧绷，会失去原有的柔软感和舒适感。

由于拼接对花位的剪裁对工艺的要求较高，制作时需要非常谨慎，因此相对应的人工费也会有所提高，在装修后期的窗帘选购中要注意到这一问题。

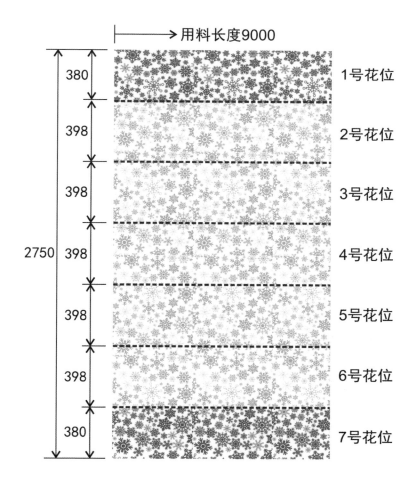

↑对花位斜裁排版用料计算示意图

正确的排版应是每一个花位都处于布料的不同位置，将布料按照花位的高度进行排序，会方便对花位的拼接。

↑ 波浪工字褶帘头 - 色系的统一

波浪工字褶帘头的色系与帘身的色系需保持
统一，帘头的尾端可增缝一圈白条，这样也
可以提亮窗帘整体的色度，使其不至于太过
单一。

↑ 波浪工字褶帘头 - 色系的搭配

橘粉色和粉红色的巧妙搭配可以为波浪工字
褶帘头增添一抹俏皮感，纱和布的结合也能
带给人们一种轻松感和愉悦感。

　　不同的剪裁方式，最后所需的用布量也不同，在制作波浪工字褶帘头前，要确
定好帘头的剪裁方式，依据窗宽和窗高等确定好基础的尺寸之后再下料剪裁，依据
所需剪裁出所需的波浪，手捏褶皱成型后，车缝锁边。

　　如果帘头的波浪太厚，在车缝时还要额外在每个波浪的结合处再次手工缝合，
这也是为了更好地固定住波浪，使之更好的成型，后期也不会容易脱线。如果想要
波浪更多一些，可以将波间距设置得小一些，并配上花边。

← 波浪工字褶帘头 - 底边修饰

为了丰富波浪工字褶帘头的内容，还可以在
其底边加上珠花边，这样帘头整体也会更有
曲线 感，珠花边也能很好地和波浪工字褶帘
头相匹配。

5.3 波浪菱形工字褶帘头

波浪菱形工字褶帘头属于工字褶帘头的一种，它的褶皱呈现出来的是一个交叉的X形，主要用于空高比较高的客厅，常用作落地窗帘的帘头，整体比较大气。

5.3.1 用料剪裁与褶皱制作

波浪菱形工字褶帘头与平底水平工字褶帘头的制作流程相似度很高，都是按照窗帘的宽和高计算出所需帘头的高度和下料宽度，然后再裁剪出所需的布料，不同的是波浪菱形工字褶帘头需要按照设计图纸将裁剪的布料进行拼接，拼接后裁剪出波浪，手工捏好第一个褶皱后，再在布料高度2/5的位置按照第一个褶皱的大小车缝第二条线，所有褶皱成型后再车上花边和腰头，最后缝上菱形布料，做最后处理。

↑波浪菱形工字褶帘头用于欧式窗帘

如果要将波浪菱形工字褶帘头用于欧式风格的窗帘，可以在窗帘顶端增加一条金线，既能凸显欧式风格窗帘的华贵，也能提升窗帘整体的档次。

↑波浪菱形工字褶帘头的色系选择

波浪菱形工字褶帘头的布料色系要与帘身的色系相统一，采用拥有镂空图案的布料作为帘身可以很好地中和帘头的下坠感，达到感观的统一。

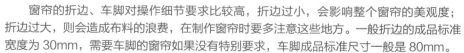

★窗帘小知识

窗帘制作细节

窗帘的折边、车脚对操作细节要求比较高，折边过小，会影响整个窗帘的美观度；折边过大，则会造成布料的浪费，在制作窗帘时要多注意这些地方。一般折边的成品标准宽度为30mm，需要车脚的窗帘如果没有特别要求，车脚成品标准尺寸一般是80mm。

在制作波浪菱形工字褶帘头时，如果选用的是带图案的印花布，帘头取花时一定要两边对称，将帘头最美的一面呈现出来，必须重视帘头取花。捏褶皱时，将最漂亮的花形显露在外面，并且注意波浪的弧度与弧度之间的距离要保持一致，波浪的褶位深度不能过深或过浅，波浪的褶位深度如果过浅，最后制作出来的褶皱效果就不会很明显；波浪太密太深，一定程度上会影响帘头的垂感。

↑波浪菱形工字褶帘头用于小客厅

小客厅使用波浪菱形工字褶帘头，可以选材质比较轻柔的布料，风格可以选择美式田园风，整体较为清爽，也能与波浪菱形工字褶帘头的波浪相呼应。

↑面积较小的空间可选择钩挂窗帘

小波浪菱形工字褶帘头制作完成，将其与帘身相连后，面积比较小的空间可以选用挂钩的方式挂起窗帘，这样也能方便后期的拆卸与清洗。

★窗帘小问答

Q：平过帘头和波浪帘头的特点是什么？

A：平过帘头造型简单，具备浓郁的现代气息，用料较少，加工和制作都比较简单。平过帘头的高度设置要依据窗帘的长短来定，一般短窗帘设计在100～150mm，长窗帘则需设计在200～300mm。帘头的底边可根据自身喜好设计成各种形状，如直线式、波浪式、荷叶边式及花边式等。

波浪帘头则设计相对比较复杂，用料较多，能够给予室内环境更浓郁的奢华感和大气感，价格相对较贵，制作要求较高，多用于面积较大的豪华房间，目的是增加窗帘的美观性，烘托室内华丽的气氛。波浪帘头的水波主要可分为落地水波和现代水波，落地水波是在窗帘的等分处打褶串线，从上至下使整幅窗帘形成有规律的波浪，大窗户的落地大水波可通过电动轨道进行升降。

5.3.2 多样的帘头花边

波浪菱形工字褶帘头可以选配不同风格的花边，具体风格及特色可参考表5-1。

表5-1 帘头花边的风格及特色

风格	花边	图示	特色
新中式风格	珠花边、单一的排水花边		色彩比较素雅、内敛、含蓄，能够很好地凸显新中式风格的特点
现代简约风格	造型简单的花边、银色系花边	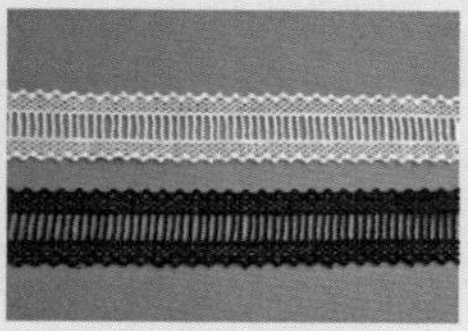	银色系科技感十足，非常有时代特点，简单的造型也能给人一种现代简约的美感
田园风格	蕾丝花边、布艺花边		较贴近自然，搭配效果较温馨、浪漫
欧式风格	排水花边、珠花边和排水花边相结合		整体比较华贵、大气，能凸显欧式风格的奢华感
地中海风格	海星花边、蓝色系花边		整体给人一种清新的感觉，花边色系与整体帘头色系可以搭配得很和谐
成熟都市风格	皮草花边、珠花边		皮草花边造型特别，彰显出一种精致美；款式多变的珠花边可以应对不同人的需求

5.4 波浪双层对位帘头

波浪双层对位帘头指的是将两个相同的波浪工字褶帘头合并在一起，配上花边，使帘头的波浪感更强，这种帘头适用于空间比较大的区域的窗帘，它的制作流程主要分为下料、裁剪、车缝以及锁边，具体步骤除裁剪式外和波浪工字褶帘头基本一致。

5.4.1 双层工字褶帘头

双层工字褶帘头是波浪双层对位帘头中的一种，它的用布量和工字褶帘头的计算方式一致，主要可依据以下计算式进行具体的计算。

布宽＝窗户的宽度×（2.5~3）

工字褶帘头造型个数＝工字褶帘头用布宽度÷（工字褶帘头波浪的间距＋波宽）（波浪间距依据窗户的宽度和具体的设计图纸来定）

工字褶帘头造型用料宽度＝工字褶帘头用布宽度－工字褶帘头边距的尺寸×工字褶帘头造型的个数

一般2.5倍适合窗型比较小的窗户，例如单扇立窗窗帘的制作；2.8倍适合大部分窗型，例如落地窗的窗帘制作；而3倍则适用于做窗帘帘头的用布预算。布料的高度大约为整 个窗帘高度的1/6，现在市场上常见的大部分工字褶帘头高度基本都在400mm左右。

工字褶帘头的波浪间距一般在50~100mm，波浪造型的高度一般为整个窗帘工字褶帘头高度的1/3左右，褶边距尺寸一般在60~80mm，这些数据在制作之前都应了解清楚。

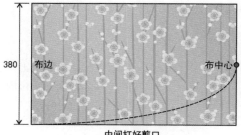

←波浪双层对位工字褶帘头底层裁剪示意图
波浪双层对位帘头的底层布料裁剪要先画好下剪的弧线，需要多少波浪，就将布料叠成所需波浪数的倍数。

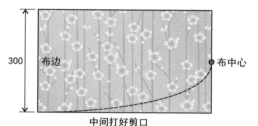

300　布边

布中心

中间打好剪口

←波浪双层对位工字褶帘头上层裁剪示意图

波浪双层对位工字褶帘头的上层布料剪裁时要和底层布料叠出的层数一样，上下两层布料的高度要控制在 60 ~ 100mm。

　　波浪双层对位帘头在制作时要提前计算好第一层捏褶所需要的宽度，并且上、下两层车缝时要将剪口对剪口叠在一起车缝，然后再车花边或者包边，可以选择珠花边，花边车好之后车上魔术贴或者腰头，整理之后，波浪双层对位工字褶帘头就制作完成了。

↑双层工字褶帘头制作－布料选择

双层工字褶帘头质感上会显得比较厚重，建议选用绸质或者棉质布料，整体感觉会比较柔软。

↑双层工字褶帘头－花边选择

珠花边垂坠感十足，开合窗帘时，会有一种流动感，可以很好地体现波浪双层对位帘头的特点。

★窗帘小知识

波浪双层对位帘头的设计

　　波浪双层对位帘头在设计时要讲究对称的原理和与帘身整体的协调统一，对称主要体现在上、下两层帘头的色彩对比和褶皱对比；而帘头的和谐感则体现在上、下两层布料与帘身的质感统一，这种统一能使人们在视觉和心理上获得宁静的满足感。

5.4.2 一层平褶一层波浪

波浪双层对位帘头还有一种形式就是一层平褶一层波浪，这种形式层次感较双层工字褶更强，在制作时既要体现平底工字褶的设计特点，也要兼具波浪双层对位帘头的起伏感，其制作步骤和双层工字褶帘头基本相似。

制作可以按照双层工字褶帘头的做法算料、剪裁，要注意第一层高度比底层短50mm，然后将上层剪出所需要的波浪个数，底边包好边，将上、下两层分别捏褶。捏好褶后，将上、下两层缝合在一起，并车上腰头，最后将窗帘绳子做成6个蝴蝶结的式样，用胶枪粘在腰头处，至此，一层平褶一层波浪的工字褶帘头制作完成。

←帘头的色系选择

波浪在上，平褶在下，波浪的色系要和平褶的色系互为补色，波浪的明度要高于平褶，这样可以很好地体现出层次感。

此外，波浪的弧度方向可以朝上，也可以朝下，具体依据个人爱好来定，平褶一般建议选择单一色，波浪的色系和花型则可以更多样化。双纱质的双层对位帘头，上层的波浪设计可以宽松些，这样帘头的垂坠感也会比较明显，同时也可使得窗帘整体不至于太过呆板。双层帘头还可以是百合花形褶皱和波浪褶皱的结合体，在百合花形的褶皱上还可以增加小花来作为帘头的饰品，这种形式的结合也可以很好地提升帘头的整体美感。

★窗帘小知识

波浪双层对位帘头制作注意事项

波浪双层对位帘头制作完成后可利用剩余的布带对帘头进行再次装饰，在设计帘头时要规划好帘头的高度以及波浪的紧密度；帘头的所有相关尺寸都要以窗户的大小为参考，色系、材质、明度、风格等都要与窗帘以及空间整体相搭配；在进行帘头的剪裁时，还要控制好上、下层之间的高度差，并保证其他波浪的高度差也是一样的尺寸。

5.5　波浪双层错位帘头

　　波浪双层错位帘头的制作流程和波浪双层对位帘头基本一致，用布量相差不会太大，两者的区别在于缝合的形式不一样，对位帘头会给人一种纵向的层次感，一般两层帘头的色系都基本一致，面料触感也基本相同；而错位帘头则给人一种横向的层次感，两层布料可供选择的色系较多，可以选择相近色、对比色及互补色，但要注意，在选择对比色时，对比程度要适宜，不建议用色彩对比十分鲜明的颜色。

5.5.1　双层错位工字褶帘头

　　波浪双层错位工字褶帘头的制作同样是先按照倍数计算好帘头的下料宽和下料高，然后叠出需要的波浪个数，将下层布从布中间剪开，上层布从布边剪开，依据设计图纸剪裁好弧度后，打上剪口，然后捏褶。

　　捏好褶后，将剪口对剪口叠在一起进行车缝，然后包边。将上层包好边后，用熨斗将其烫平。除此之外，还可以对花位剪裁出波浪，如果布料太薄，可以在原来的基础上加一层布衬，最后车上荷叶边及腰头，也可以贴上魔术贴，至此，波浪双层错位工字褶帘头制作完成。

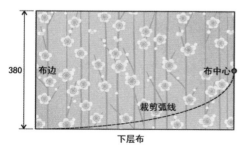

←波浪双层错位工字褶帘头下层布裁剪示意图
制作波浪双层错位工字褶帘头时，下层布剪裁沿布中心的弧线裁剪，具体弧度参考设计裁剪图纸。

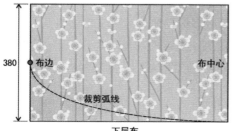

←波浪双层错位工字褶帘头上层布裁剪示意图
波浪双层错位工字褶帘头的上层布沿着布边的弧线剪裁，剪裁位置和下层布是一个镜像对称的关系。

5.5.2 一平一皱工字褶帘头

波浪双层错位帘头的设计可以是一层平褶一层波浪，也可以是一平一皱的工字褶。一层平褶一层波浪的帘头样式和双层对位帘头有些相似，都是波浪在上，平褶在下，但是双层错位帘头的波浪高度和平褶的高度是一致的，所用的布料也比较多，颜色的选择也更多样化。

一平一皱的工字褶是由平底工字褶和平波浪组成，此处的波浪不再是褶皱的形式，而只是底边是波浪，上层是平布。上层平布的下料主要是根据窗户的宽度以及帘头的高度来定，为了使平布看起来不单一，也会有人选择在平布上缝装饰物。

↑ 色系的选择

上层平波浪的色系可以选择和帘身一致，也可以互为补色，下层平底工字褶的色系一般为纯色，给人感觉比较纯净。

↑ 布料触感的选择

上层平波浪和下层平底工字褶的布料的触感还需保持统一，这也是为了保证整体窗帘在视觉上和手感上都能获得良好的体验感。

本章小结：

工字褶帘头的出现为窗帘装饰行业提供了更多的销售热点，工字褶帘头大大地丰富了窗帘的样式，同时也提高了窗帘的精美程度，使得窗帘能够运用于更多的空间中。而了解工字褶帘头的相关知识，对于制作或者选择窗帘都将会有很大的益处。

Chapter 6
创意十足的个性化帘头

学习难度：★★★★☆

重点概念：上褶波、三角波、抽带帘头、水波帘头、凤尾波帘头、混合波帘头

章节导读：窗帘帘头样式多变，比较常用的有抽带帘头以及水波帘头等，其中水波帘头和抽带帘头又可以细分为很多种，这些帘头个性化十足，每一款 都有自己的特色。除此之外，还有一些比较有特 色的帘头，例如高升波帘头、波旗混合帘头、蝴 蝶波帘头及凤尾波帘头等。

6.1 上褶波帘头

上褶波帘头一般由两个以上的水波肩并肩连接处理而成，远远望去就像是一块布料制作而成，因此又被称之为排波。上褶波跟正水波之间最大的区别在于水波的肩一个是横在腰头里面，另一个是立在水波两侧，上腰头时也会因为这种区别使得大部分人更愿意制作上褶波。

6.1.1 普通上褶波帘头

要制作上褶波帘头，首先要了解其制作需要计算哪些部分，主要包括裁布山、裁布高、裁布宽以及肩长等，了解清楚这些部分的用料，接下来的制作就简单了。以下是上褶波各部位的计算方法。

裁布山＝波宽÷2

裁布高＝波高×2.2（一般回150mm画裁布宽）

裁布宽＝波宽÷2＋150mm

肩＝裁布高－200mm（连接裁布山与裁布宽的线为肩）

除此之外，还需对肩进行分段，方便后期车腰，一般肩尾取70～80mm，肩头取30mm，剩余肩段则平分，平分肩的数值要控制在15～18mm。

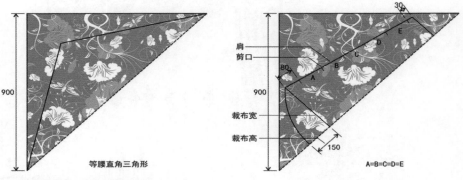

↑普通上褶波帘头剪裁示意图

剪裁之前应将布料对折成等腰直角三角形并铺平，然后依据图纸绘制剪裁线，并与记号处作以剪口，沿线裁剪。车缝时应将30mm剪口折到反面，每个剪口依次往上折，并与第一个折成同一水平线，注意折间距大小应一致，一般为20～30mm。

↑两个波的上褶波帘头

只有两个波的上褶波帘头建议帘头和帘身材质、色彩均保持一致，以保持室内统一性。

↑三个波的上褶波帘头

三个波的上褶波帘头可以选择和帘身为互补色的色调，以改善纯色的单调感。

↑四个波的上褶波帘头

四个波的上褶波帘头在制作时应注意控制好褶皱间距，以方便后期的清洁。

↑五个波的上褶波帘头

更好地呈现五个波的上褶波帘头波浪的流畅感，建议选择柔软一些的面料。

★窗帘小知识

双色波

　　双色波指的是一个水波内用两种颜色或材质拼接成形的水波，基于此也可以多色拼接成形。一般双色波在上褶波或镂空上褶波基础上制作成形，也可以在正水波或镂空正水波、混合波、高升波等基础上进行改良，多种颜色的调配也使得水波的层次感更加丰富。

6.1.2 镂空上褶波帘头

镂空上褶波帘头是在上褶波的基础上将镂空的区域最大化至波宽，垂落的波浪对应露出花纹的平幔，是时下比较流行的一种帘头样式。需注意的是，镂空上褶波帘头是无法上腰头的，需要依附平幔完成。下面介绍镂空上褶波帘头的用料计算方法。

镂空宽＝总波宽，镂空高依据波形设定

裁布山＝波宽÷2＋50mm

裁布高＝（波高－镂空高）×3＋100mm（一般回150mm画裁布宽）

裁布宽＝波宽÷2＋150mm

肩＝裁布高－200mm（连接裁布山与裁布宽的线为肩）

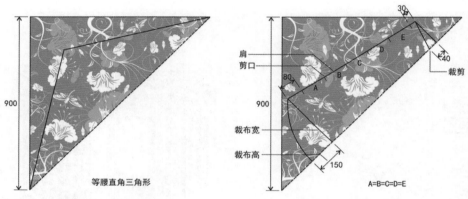

↑镂空上褶波帘头剪裁示意图

剪裁步骤与上褶波帘头基本一致，不同的是镂空上褶波要预留40mm的修剪线。

↑镂空上褶波帘头－材质

布料珠边一方面能与帘身相呼应，另一方面也能有效减轻褶皱帘头的沉重感。

↑镂空上褶波帘头－色彩

红色系的镂空上褶波帘头摒弃了以往沉闷的风格，有效地提高了空间色度。

6.2 三角波帘头

三角波帘头的装饰效果和上褶波的装饰效果类似,其命名源自褶皱上方的小三角。三角波帘头还可以分为普通三角波帘头和镂空三角波帘头。

6.2.1 普通三角波帘头

和制作其他帘头一样,要制作出精美的三角波帘头,首先测量的相关数据就必须要准确,其次布料的选择也应适用于所要应用的场所中。以下是三角波各部位的计算方法。

裁布山 = 波宽 × 1/4 + 30mm

裁布高 = 波高 × 2.2(一般回200mm画裁布宽)

裁布宽 = (波宽 + 波高)÷ 2

肩 = 裁布高 − 200mm(连接裁布山与裁布宽的线为肩)

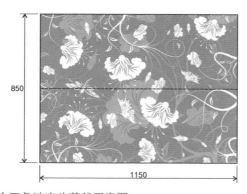
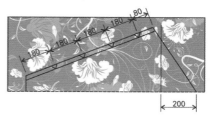

↑三角波帘头剪裁示意图

三角波帘头一般是直纹对折,直纹剪裁,注意三角波帘头的分段剪口为直角等腰三角形。

←三角波帘头

为了丰富视觉效果,可以在三角波帘头的每段中心处设计一个与之相配的亮色的装饰结,这样能提亮帘头色感,丰富帘头的层次感。

6.2.2 镂空三角波帘头

镂空三角波帘头是在三角波的基础上将镂空的区域最大化至波宽，在绘制裁剪线时要绘制直角等腰三角形的剪口，车缝时则应将剪口对折，将30mm肩头剪口折到反面，每个剪口依次往上折，并与第一个折成同一水平线，注意折间距大小应一致，一般在20～30mm。下面介绍镂空三角波帘头的用料计算方法。

裁布山 = 波宽 × 1/3 + 30mm

裁布高 = （波高 − 镂空高）× 3 + 10mm（一般回200mm画裁布宽）

裁布宽 = （波宽 + 波高）÷ 2

肩 = 裁布高 − 200mm（连接裁布山与裁布宽的线为肩）

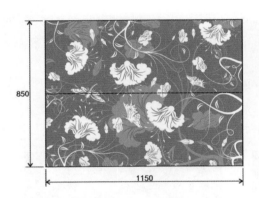
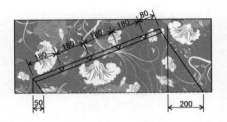

↑镂空三角波帘头剪裁示意图

镂空三角波帘头也是直纹剪裁，绘制裁剪线时需要向外画40mm的修剪线，注意肩的分段，一般肩尾控制在70～80mm，肩头则为30mm，剩余肩段平分，但每段数值要控制在15～18mm。

←镂空三角波帘头

为了更好地与帘身相配，并增加窗帘的美观性，可以选择纯色和花色搭配，同时帘头下方还可配上珠边或其他小件挂饰。

6.3　抽带帘头

抽带一般用于加工帘头或者帘头做造型时也会用来抽褶皱，利用抽带做出来的褶皱比较自然细密。

6.3.1　韩式抽带帘头

韩式抽带帘头即是选用抽带抽出褶皱，它的款式比较简单，使用率比较高。要制作韩式抽带帘头，首先我们要依据需要计算出用料，然后才能依据设计图纸进行下一步的剪裁，韩式抽带帘头主要是要计算抽带的倍数、抽带帘头的下料宽、下料高等，有时还需要计算拼接用料。

抽带倍数 = 抽好褶皱的抽带长度 ÷ 没抽褶皱之前的抽带长度

抽带帘头下料宽度 = 成品帘宽度 × 抽带倍数

抽带帘头下料高度：水平帘头 = 成品帘宽度 × 1/8

波浪帘头 = 成品帘宽度 × 1/7

抽带倍数计算好之后可以先量出1m长的抽带，然后再依据设计图纸抽出合适的褶皱，这样可以节省时间。帘头下好料之后依据设计图纸剪裁出波浪，并将布边处理好，可以包边或者车花边，以此来装饰帘头，然后将抽带垫在布背面车缝，有几线抽带就车几条线。车好抽带后依据需要抽出褶皱，最后车好选定的魔术贴。

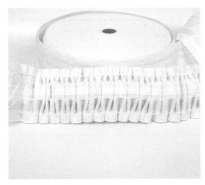

↑韩式抽带帘头加工

抽带加工速度快，制作方便，对车工和剪裁的技术要求都不高，常用的抽带有二线抽带、三线抽带和四线抽带。

↑韩式抽带帘头应用

韩式抽带帘头适用于卧室、飘窗、儿童房等场所，主要用于清新的田园风格，一般采用薄纱或者比较轻薄的面料来制作。

　　韩式抽带帘头在剪裁面料时有不同的剪裁方式，每一种剪裁方式的用料都会有些许的不同，主要的剪裁方式有直接剪裁、横向拼接剪裁以及纵向拼接剪裁，可以依据实际情况来选择剪裁方式。

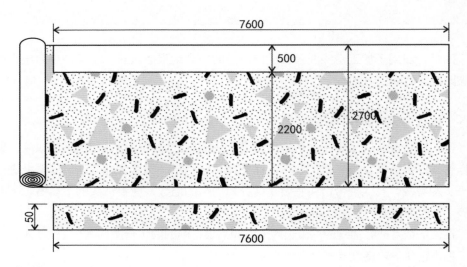

↑直接剪裁

直接剪裁的方式简单快捷，适合布料有其他用 途的情况，一般批量生产的情况下会采用直接剪裁的方式。

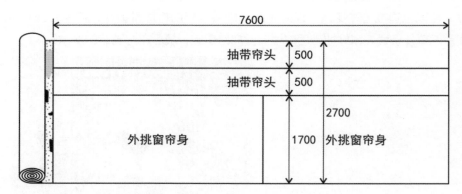

↑直接剪裁应用

外挑窗窗帘用韩式抽带帘头的时候也可以选择 直接剪裁的方式，剪裁时依据设计图纸操作即可。

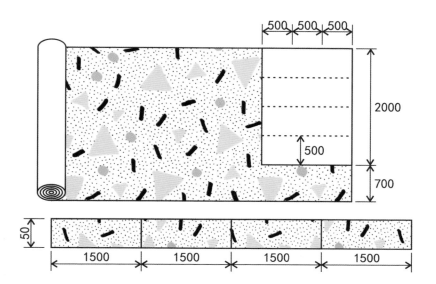

↑横向剪裁

横向拼接剪裁可能会有很多结头，其计算方式 包括：拼接条数＝幅宽 ÷ 下料高；用布量＝下料宽 ÷ 拼接条数。

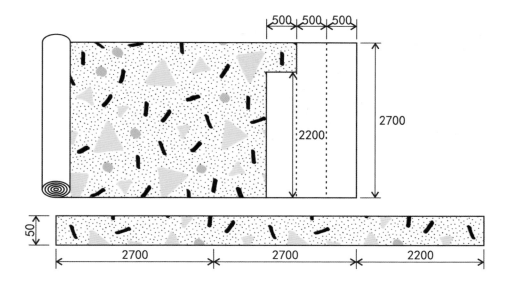

↑纵向拼接剪裁

纵向拼接剪裁可以剪出高度一致的布料，这种剪裁方式会影响布料垂感，其计算方式包括：拼接条 数＝下料宽 ÷ 幅宽；用布量＝拼接条数 × 下料高。

韩式抽带帘头和韩式褶皱帘头一样，都具有很明显的韩式风格特点，它们都适合选用比较柔软、触感比较柔滑的面料，例如棉质、棉麻质以及纯麻质等面料，其中化纤面料的垂感最好，视觉效果也最好。

↑韩式抽带帘头色彩选择

韩式抽带帘头整体比较自然，一般都会采用比较清爽、活泼的颜色，如淡粉色以及浅蓝色等颜色。

↑浅色系的韩式抽带帘头更要经常清洁

由于抽带本身自带有褶皱，在日常使用过程中要经常清洁打扫，可以用掸子扫除帘头表面的灰尘，必要时可以将帘头取下来进行更深层次的保养与清洁，延长其使用寿命。

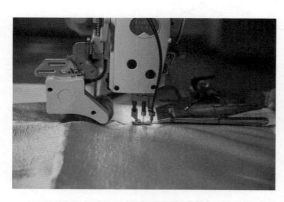

←韩式抽带帘头车缝

车缝时要注意对准折边，并应平稳地向前推进，且车缝完一边后要做基础检查，确保车缝褶皱正确。

★**窗帘小知识**

抽带百褶帘头的制作

在制作之前需要裁剪一块长方形的布料，然后将布料四周锁边，缝上抽带，注意抽带长度与布料相等，然后拉动抽带，拉缩短到窗宽的长度，确定无误后再缝上粘带，一般粘带的长度与成品窗幔长短相同，最后，缝上花边或包边即可。此外，还可在裁剪之前，将布的下半段剪成弧形，这样也可以很好地增加视觉美感。

6.3.2　抽带水波帘头

　　抽带水波帘头的制作主要会运用到二线抽带，它是利用抽带抽出自然的褶皱，从而形成一道道的波纹，这种款式的帘头在视觉上会给人一种自然、随性的感觉。

↑抽带水波帘头－布料的选择

田园风格以及浪漫风情风格等会经常用到这种抽带水波帘头，一般选择比较柔软的面料，视觉上波浪感会更强。

↑抽带水波帘头－色系的选择

抽带水波帘头用于客厅的窗帘时，一要选择厚度适中的面料，二是帘头色系要选择较正的颜色，在帘头的底边加其他补色，中和纯色的单调感。

　　数据分析是制作抽带水波帘头很重要的一个环节，我们在制作之前要依据公式计算出帘头的用料，然后依据需要进行设计规划。以下是其用料的计算公式。

　　水波的肩宽＝总波宽×1/3

　　水波的山宽＝总波 宽×1/3

　　水波的弧差值＝裁布高×1/5

　　依据公式计算出水波的各部分数值后，可依据设计图纸进行剪裁，剪裁时弧度要控制好，然后将二线抽带沿水波的肩、山、肩进行车缝，车好抽带后，将抽带抽出需要的宽度，使帘头看起来具有美感，在帘头边车上荷叶边或花边，最后将水波组合成所需的宽度，车上腰头或魔术贴，至此，抽带水波帘头制作完成。

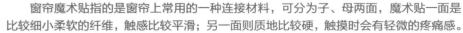

★窗帘小知识

窗帘魔术贴

　　窗帘魔术贴指的是窗帘上常用的一种连接材料，可分为子、母两面，魔术贴一面是比较细小柔软的纤维，触感比较平滑；另一面则质地比较硬，触摸时会有轻微的疼痛感。

6.4 正圆水波帘头

　　正圆水波一般呈半球形，所以它又被称为半球波、圆波、横波以及月亮波等，正圆水波沿中轴左右对称，圆中带方，是一款比较受欢迎的水波，使用率比较高，颇具中国特色。

↑无叠加的正圆水波帘头

无水波叠加的正圆水波帘头制作要简单一些，注意要控制好波间距，褶皱弧度也要控制好。

↑有叠加的正圆水波帘头

正圆水波帘头采用叠加方式制作时要控制水波与水波重叠位置的叠加大小，尽量保持一致。

6.4.1 明确水波方位方便计算

　　正圆水波帘头主要是由肩、山、波高以及波宽组成的，水波打褶皱的地方称之为波肩，中间的位置称之为波山，在制作正圆水波帘头时要根据窗户的大小来确定要做几个水波以及水波要做多大， 一般波高会随着波宽的变化而变化，波宽要控制在 600～1200mm，波宽太大会导致制作的水波呈现的效果不美观，这一点一定要注意。正圆水波帘头的波宽还会随着波高的变化而变化，具体可见表6-1。

表6-1　波宽与波高的尺寸变化表

波宽（mm）	60	70	80	90	100	110	120
波高（mm）	45	50	55	60	65	70	75

　　在制作水波前，先要熟悉水波的方位名称，这样会比较方便计算、剪裁以及制作时各个工序的配合。正圆水波帘头在下料排版时要依据实际情况选择好剪裁方式，一般在制作水波时，为了达到最好的效果，使水波褶更流畅，通常建议使用45°斜裁的方式排料，个别情况可以用直裁的方式去排料。直裁相对斜裁来说，要注意直裁制作的水波褶皱会出现棱角。

　　在剪裁时要注意必须保证布料是斜纹的，使用直纹布料剪裁，水波是不成型的，可以选择标准的三角尺（塑料的或者不锈钢的）进行数据测量。

　　下面介绍相关的计算公式，大家可以依据这些公式求得自己想要的数据，依据公式计算出水波的个数、宽度和高度后，就可以计算水波剪裁时的各个数值了。

　　水波宽＝{（成品帘宽－旗所占宽）＋[（水波个数－1）×叠加位个数]}÷水波个数

　　水波高＝帘身高×1/6

　　山宽＝总波宽×1/2

　　裁布宽＝总波高×2

　　正圆水波帘头的裁布宽可以采用拉绳测量法测量，拉绳测量法是利用绳子，将其弧成和正圆水波帘头一致的弧度，从而计算出裁布宽的一种方式。利用这种方法可以快速地得到裁布宽。

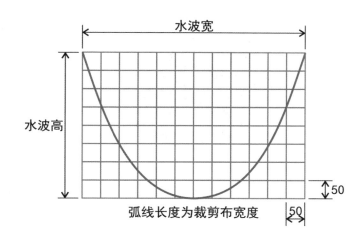

水波宽

水波高

弧线长度为裁剪布宽度

50

50

←拉绳测量水波裁布宽

依据拉绳测量法快速的计算出裁布宽，要注意，在绘制测量表格时方格的四边长度要保持一致。

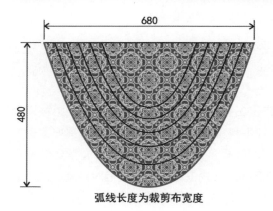

弧线长度为裁剪布宽度

←确定水波高、宽

确定了水波高和水波宽，然后按照拉绳测
量法计算用料，会节省不少制作时间。

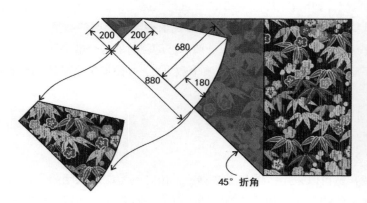

←依据排版剪裁

在计算出水波各部位的
用料后，要依据排版图
将布料折叠，然后再依
据需要进行剪裁。

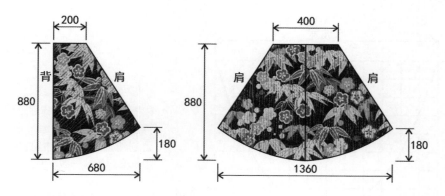

↑提前确定弧度值

此图为剪裁出的布料，水波的两肩尺寸是一致的，在剪裁时要注意，另外弧差值
要提前确定 好，因为弧差值影响着水波的起伏度。

6.4.2 依据裁剪图裁剪正圆水波

依据用料公式测量出相关的数据后，可以利用这些数据绘制出正圆水波帘头的裁剪图，这样有助于后期的制作与整理。

绘制正圆水波帘头的裁剪图首先要测量单个波的用料，并沿斜纹折叠布料，保证毛边位置垂直，在毛边垂直于折叠位置处绘制半山、延伸值以及裁布高；其次是向半山方向绘制弧差，裁布宽要向外延伸80mm做辅助点，再在垂直裁布高方向绘制裁布宽。

裁布宽要记得向下回退50mm，用画笔连接裁布宽与80mm辅助点处并找到中点，然后用弧线连接中点与裁布高，并连接上线，用直尺在上线上找到所需的点位，然后连接下线，用直尺在下线上找到所需的点位，将点依次进行连接，至此裁剪图绘制完成。

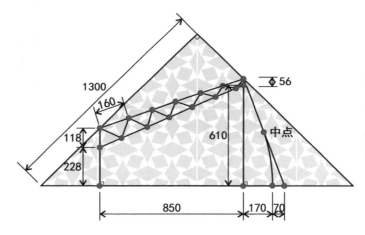

←正圆水波裁剪图一

此图为绘制好的裁剪图，图中上下斜线上的红点要相互连接，可以用粉笔将其特别标识出来。

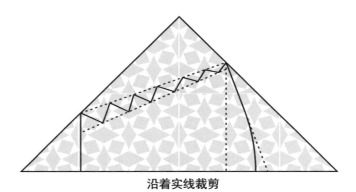

沿着实线裁剪

←正圆水波裁剪图二

此图为最后裁剪时的大样图，裁剪时依照实线裁剪，要注意留好车缝边距。

↑ 测量毛边位置数据

由于毛边位置测量的数据比较准确，裁剪布料时要以毛边方向为基础，测量单个波的用料。

↑ 铺平布料

需保证斜纹裁剪，将布料叠成三角形，折起来后毛边用三角板的直角端确保垂直，然后将布料铺平。

↑ 裁剪一

沿弧线位置剪裁布料的时候，要在弧线的边缘预留 10mm 左右的缝口，这样才方便后期车缝水波。

↑ 裁剪二

沿着上下线的痕迹裁剪其他位置时，可以不用预留缝口，但要注意沿线剪裁时要对准先前绘制好的白线。

★窗帘小知识

正圆水波帘头绘制注意事项

　　绘制正圆水波帘头的裁剪图时，一定要注意检验各方面尺寸是否已经测量准确，例如裁布宽、裁布高等，下剪时弧度一定要控制好，否则裁剪出来的效果可能水弧度不一致，影响窗帘整体的美感。

　　在剪裁后的弧形位置要记得锁边，其他位置可以不用锁边，锁边之后要将布料的褶皱熨烫平整，这是为了方便车缝正水波，要在凹下去的位置捏褶车缝水波，捏褶时两条边都要对齐，并与山的位置平齐。

正圆水波帘头适合于各种风格的窗帘，但在选择帘头的原料布时要注意与帘身相搭配，色系以互补色为主，也可以统一色，帘头上方可以添加珍珠或者流苏等装饰物，既能使帘头在视觉感官上更精细唯美，大气又不失细腻，也会给人一种典雅高贵的感觉。

此外，在帘头的小装饰物选择上都要尽量以简洁为主，甚至还可以不去加装饰物；用于田园风格时，还可以在帘头添加以饰带打结成的小花，与帘身的小碎花也正好可以相呼应，给家中一种舒适感。

←正圆水波帘头应用

正圆水波帘头用于现代简约风格，还是建议原料布选择比较干净、清爽的颜色，例如米白色、淡蓝色等。

★窗帘小问答

Q：水波有哪些缝纫方法？

A：不同的缝纫方法，形成的水波也会有不同，一般水波缝纫主要有以下两种方法。第一种是横向缝纫法，所形成的是半圆水波，也被称为横向水波。这种缝纫方法是以水波上线做依据向左右侧两边进行缝纫，从外形来看是半圆形的波浪，因此被称为半圆水波。这种水波节省布料且设计比较灵活，裁剪好的水波能在一定的范围内调整其宽度和高度，是最常用的一种水波，杆式水波也是在这种水波的基础上制作而成的。

第二种方法是纵向缝纫法，它是以水波上线做依据由上到下一褶一褶地往上折，所以形成的是纵向水波。这种水波的裁剪方法比较简单，裁剪好的水波能在一定的范围内调整高度，但不能调整宽度，有一定的局限性。此外，在布料有弹性的情况下，这种水波的缝纫宽度比较难掌握，不是很常用，一般都是改进型的两点固定式水波，在大厅、走廊、酒店、会所的公共场合会经常用到。

6.5 镂空水波帘头

镂空水波帘头是在正圆水波帘头的基础上演变过来的，整个水波中心的位置进行了镂空处理。正圆水波与镂空水波最大的不同就是镂空水波有镂空宽和镂空高，山的宽度是按照镂空宽和镂空高拉绳测量出来的，并且两者裁布高的算法也不相同，制作时要格外注意。

6.5.1 镂空水波帘头的用料计算

镂空水波帘头一般都需要和窗帘的平幔以及窗幔搭配使用，以此来缓冲镂空带来的空白感。以下为镂空水波帘头各部位用料计算方式。

总波宽={（成品帘宽－旗所占宽）+[（水波个数－1）×叠加位个数]}÷水波个数（叠加位等于肩宽）

总波高=成品帘高÷6

镂空宽=总波宽－肩宽

裁布高=（总波高－镂空高）×3

此外，镂空水波帘头的裁布宽一般指总波宽与总波高拉绳测量的宽度，山宽则指镂空宽与镂空高拉出的绳长，肩宽一般按照总波宽来设定，镂空高也按照需要设定，波高通常设定在总波高的1/2内，并且波高不能小于肩宽。

↑镂空水波帘头搭配边旗

镂空水波帘头两边会有边旗做装饰，适用于窗型面积较大的落地窗，可以让整体感觉比较大气。

↑镂空水波帘头搭配平幔

镂空水波帘头搭配平幔时，平幔应选择较亮颜色，虽然和帘头为同一色系，但也可以挑选其他的颜色。

6.5.2 镂空水波帘头的制作

同一种窗帘，看久了都会产生视觉疲劳，可以利用家里剩余的布料做一款合适的镂空水波帘头，让整个窗帘焕然一新。

1. 画线

和先前介绍的帘头制作步骤一致，首先便是按照计算公式预留出相应的尺寸，然后依据这些尺寸进行画线。在画线的时候要把帘布平摊开，这个时候一定要保持帘布四个角都是直角，可以用直角三角板测量四个边角是否均已经垂直。

卷底边的尺寸要预留在120～150mm，然后以主花为基点先向上再向下画平行线，预留20mm的缝口，其他边也是如此画线。

2. 拼接布料

为了使帘头更富有视觉美感，可以将配好色之后的布拼接在一起，拼接时要保持布片大小一致和高度一致，然后再根据镂空水波帘头的做法中画线的位置进行卷边。

3. 车花边

基础拼接完成后，帘头已经基本成型，可以车上花边，在车边的时候主要缝口的宽窄一定要一致，线迹要尽量走均，这样最后制作出来的帘头才会整齐、美观。

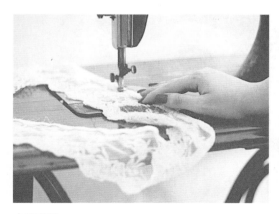

↑车花边

在车花边的时候要注意不能用力地拉扯，而应该顺着缝纫机的走势去将布带轻轻地往前推，使得花边整齐。

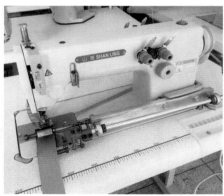

↑车花边可加入无纺布

车缝花边时，为了使花边更牢固，可以加入无纺布，但要遵循打孔装120mm无纺布和打褶装80mm无纺布的原则。

4. 确定主花位置

帘头的主花位于帘头的中心位置，定好帘头的中心可以很好地保持住主花位置的主体地位，在定中心的时候需要依据花位中点在无纺布带上标出主花的位置，然后再将每个点进行对折后叠成方块状。

5. 熨烫

为了使帘头看起来更精致美观，可以在镂空水波帘头制作好之后进行整烫，整烫时一定要将拼接的缝头烫开，并且拼纱的位置在整烫的时候一定要注意隐藏缝头，镂空水波帘头自然产生的褶皱部分就不需要进行整烫了。

6. 保养与清洗

帘头制作完成之后，一定要注意经常保养，一般应该每周洗尘一次，尤其注意要去除织物结构间的积尘，如果帘头沾染上了污渍，可以用干净的抹布蘸水拭去，为了避免留下印记，最好从污渍外围抹起；如果帘头的线头松脱，要记住不能用手扯断，应用剪刀剪齐。

此外，帘头洗涤干净后还可以用牛奶浸泡1小时，然后再洗净自然风干，浸泡后的帘头颜色会更加鲜亮，但要注意不可漂白。

↑检查水波花位

检查花位是否定位正确的方式就是看每个折的大小是否一致，中心位置定准确之后才可以开始打孔。

↑不同面料的水波帘头

不同面料的帘头有不同的清洗方法，例如普通面料帘头可用湿布擦洗，但易缩水的面料或进口高档面料则建议选择干洗。

6.6 凤尾波帘头

凤尾波帘头的外观轮廓为正水波，但它的内部结构却呈现了不对称性，并且每道波的重心呈现层层递进的状态，让人在视觉上觉得与凤凰的体态有一定的相似感。

6.6.1 普通凤尾波帘头

制作凤尾波帘头依旧需要先对其各部分进行用料计算，这要求必须对凤尾波的各部位有一个具体的了解，主要包括波高、波宽、裁布宽、山以及肩等。

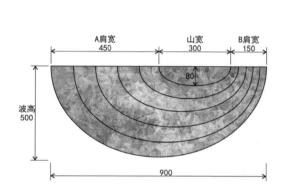
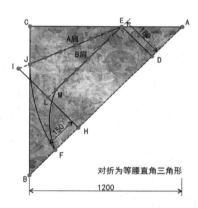

↑凤尾波帘头各部位示意图以及剪裁图

★ 窗帘小知识

水花边的用料计算

水花边的用料计算方式比较简单，依据以下公式计算即可。

花边的幅数＝成品宽 ×3 倍褶 ÷ 门幅

花边用料＝幅数 ×（花边的尺寸＋ 10mm 边）

下面介绍凤尾波帘头各部位的用料计算。

总波宽＝{（成品帘宽－旗所占宽）＋[（水波个数－1）×叠加位个数]}÷水波个数

总波高＝成品帘高÷6

山宽＝波宽×1/3

B肩宽＝（波宽－山宽）÷4

A肩宽＝波宽－B肩－山宽

裁布山（DE）＝山宽×1/2＋30mm

裁布高（DF）＝波高×2.2（回150mm画裁布宽）

A肩裁布宽（HI）＝山宽＋A肩×2与波高的拉绳测量（一般取绳长的1/2）

B肩裁布宽（HL）＝山宽＋B肩×2与波高的拉绳测量（一般取绳长的1/2）

A肩长（EJ）＝山连接A裁布宽点的位置往回退100mm

B肩长（EM）＝山连接B裁布宽点的位置往回退150mm（分段只分B肩，肩尾70mm，剩余平分，数值要控制在140～160mm）

←凤尾波帘头应用

凤尾波帘头因形似凤凰，因而带有浓郁的祥和之气，可运用于中式风格的室内空间中，布料建议选择柔软一些的，以便能更好地造型。

★窗帘小知识

水波幔和罗马幔

水波幔和罗马幔都是波形幔，区别在于水波幔为水平波幔，罗马幔为搭波式波幔。两者的计算方式是一样的，计算时要注意先确定好波形和旗子的制作数量。

6.6.2　镂空凤尾波帘头

镂空凤尾波帘头是在凤尾波帘头的基础上演变过来的，整个水波进行了镂空处理。二者的剪裁与制作有相通之处。

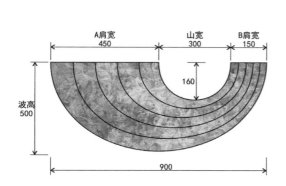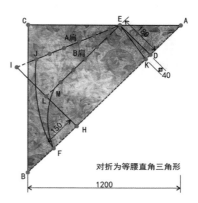

↑镂空凤尾波帘头各部位示意图以及剪裁图

下面介绍镂空凤尾波帘头各部位的用料计算。

镂空宽＝波宽×1/3

镂空高＜波高×1/2

B肩宽＝（波宽－镂空宽）÷4

A肩宽＝波宽－B肩－镂空宽

裁布山（DE）＝（镂空宽＋镂空高）÷2＋30mm

裁布高（DF）＝（波高－镂空高）×3（回150mm画裁布宽）

A肩裁布宽（HI）＝山宽＋A肩×2与波高的拉绳测量（一般取绳长的1/2）

B肩裁布宽（HL）＝山宽＋B肩×2与波高的拉绳测量（一般取绳长的1/2）

A肩长（EJ）＝山连接A裁布宽点的位置往回退100mm

B肩长（EM）＝山连接B裁布宽点的位置往回退150mm（分段只分B肩，肩头30mm，肩尾70mm，剩余平分，数值要控制在140~160mm）

↑叠加的镂空凤尾波帘头　　　　　　↑无叠加的镂空凤尾波帘头

叠加的镂空凤尾波帘头在视觉上有一种延续的感觉，能够扩大空间感，可以在帘头上方添加装饰小花，注意色彩的搭配。

没有叠加的镂空凤尾波帘头可以搭配平幔，平幔材质和色彩都可与帘头保持一致，建议选择质地较柔软的面料。

★ 窗帘小知识

镂空高升波

　　镂空高升波的水波是指一个肩向上拔起，从而形成高低落差，这样的落差使得圆润的水波弧线被成倍的夸大，一般适用于别墅高窗。

　　裁布山＝波宽 ×1/3 ＋ 30mm

　　裁布高＝（波高－镂空高）×3（回 150mm 画裁布宽）

　　裁布宽＝（波宽＋波高）÷2

　　肩＝裁布高 － 200mm

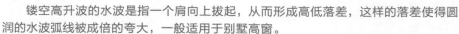
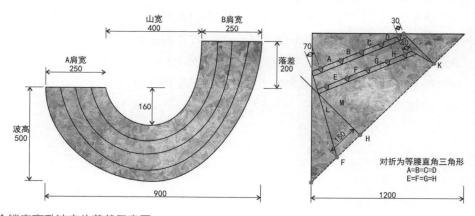

↑镂空高升波帘头剪裁示意图

6.7　混合波帘头

混合波帘头结合了其他水波帘头的特色，从外观轮廓上看和正圆水波有些类似，但混合波帘头的两侧并不对称，这一点在制作时要注意。

6.7.1　普通混合波帘头

制作普通混合波帘头需要先对其各部分进行用料计算，这要求必须对混合波的各部位有一个具体的了解，主要包括波高、波宽、裁布宽、山以及肩等。

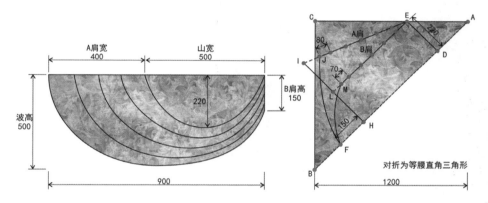

↑混合波帘头各部位示意图以及剪裁图

下面介绍混合波帘头各部位的用料计算。

总波宽={（成品帘宽－旗所占宽）+[（水波个数－1）×叠加位个数]}÷水波个数

总波高=成品帘高÷6

A肩＝波宽×1/3

B肩＝波高×1/3

裁布山（DE）＝波宽×1/3＋30mm

裁布高（DF）＝波高×2.2（回150mm画裁布宽）

A肩裁布宽（HI）＝（波宽＋波高）÷2＋100mm

B肩裁布宽（HL）＝（山宽＋B肩高＋波高）÷2

A肩长（EJ）＝山连接A裁布宽点的位置往回退100mm

B肩长（EM）＝山连接B裁布宽点的位置往回退150mm（分段分A肩与B肩，肩尾70mm，剩余平分，数值要控制在150～180mm）

←混合波帘头应用

混合波帘头应用范围较广，办公区域以及家居空间内均可使用，样式比较美观，价格相对较高。

★ **窗帘小知识**

百褶式挂法

　　百褶式挂法适用于小面积的窗户，或需要有安静环境的空间，一般采用这种方法的窗帘的帘身可以是单层，也可以是双层，单层有一种朦胧美，双层起到隔音效果，这种安装方式能营造出一种飘逸大气的空间感。

6.7.2　镂空混合波帘头

　　镂空混合波帘头是在混合波帘头的基础上演变过来的，整个水波进行了镂空处理。二者的剪裁与制作有相似之处。

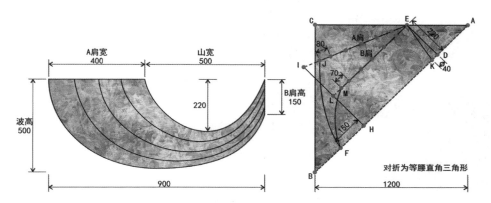

↑镂空混合波帘头各部位示意图以及剪裁图

　　下面介绍镂空混合波帘头各部位的用料计算。

A肩＝波宽×1/3

B肩＝波高×1/3

镂空宽＝波宽×1/3

镂空高＜波高×1/2

裁布山（DE）＝（镂空宽＋镂空高）÷2

裁布高（DF）＝（波高－镂空高）×3（回150mm画裁布宽）

A肩裁布宽（HI）＝（波宽＋波高）÷2＋100mm

B肩裁布宽（HL）＝（镂空宽＋B肩高＋波高）÷2

A肩长（EJ）＝山连接A裁布宽点的位置往回退100mm

　　B肩长（EM）＝山连接B裁布宽点的位置往回退150mm（分段分A肩、B肩，肩头30mm，肩尾70mm，剩余平分，数值要控制在150～180mm）

←镂空混合波帘头应用

镂空混合波帘头可以搭配窗幔和边旗，且帘头和帘身的色彩可以不一致，但建议选择材质一样的布料，与变化中获取统一感。

本章小结：

　　各种个性化帘头丰富了消费者的选择，同时也使得室内空间更具个性魅力，这不仅得益于帘头样式的改变，同时也得益于帘头配色以及窗帘布料的更新，在未来，必定会出现更多具有创意、具有魅力的窗帘帘头。

Chapter 7
窗帘的选购方法

学习难度： ★★☆☆☆

重点概念： 配件、布料、工艺、成品窗帘

章节导读： 窗帘从布料选择到最后的制作安装，中间少不了要购买各项东西，例如布料、窗帘的小部件等，这些是一个精美的窗帘所必备的。购买之前，要了解这些构件的作用是什么，以及需要注意的事项。例如，哪种窗帘轨道的性价比最高，哪种壁架看起来最实用等。针对不同的窗帘类型，要选择合适的面料，不仅要考虑美观性还要考虑其实用性以及经济性，最好能货比三家，多番考虑再进行选购。

7.1 要选择质量靠谱的配件

窗帘的相关配件主要包括窗帘明轨、窗帘暗轨、窗帘壁架、挂钩配件、铅坠以及钩子等，不同类别的配件价格也不一样，了解这些配件能够有助于更好地去选购窗帘。

7.1.1 窗帘明轨

窗帘明轨属于窗帘轨道的一部分，材料一般以金属和木质为主。金属杆搭配丝质或纱质的装饰布，可以用在卧室中，能产生刚柔反差强烈的对比美，而木质雕琢杆头，则给人一种温润的饱满感，因此选择窗帘明杆的时候要注意与窗帘风格相搭配。

现在比较常用的是罗马杆，由于制作材质的不同，罗马杆又被分为很多种，罗马杆安装方式的不同，导致其所需要的安装配件也会有所不同，因而在选购时要提前确定安装方式。罗马杆的分类及特点见表7-1。

表7-1 罗马杆的分类及特点

类别	图例	特点
铝合金罗马杆		适用于双轨安装和单轨安装，使用寿命较长，材质比较厚实，耐腐蚀能力强，不易变形，搭配方便，颜色、样式比较丰富
塑钢罗马杆		承重力强，价格实惠，但使用寿命不长，容易开裂
铁艺罗马杆		外观美观，可塑性强，质量比较牢固，但颜色比较单一，且容易锈蚀

续表

类别	图例	特点
实木罗马杆		牢固耐用，有质感，比较美观大气，但价格较贵，品质不好的实木罗马杆容易变形，产生虫蛀
加强静音罗马杆		科技化，拥有纳米消声条，具有很好的降噪作用
欧式罗马杆		款式华贵，价格昂贵，适合搭配欧式古典风格的窗帘

　　罗马杆主要包括轨道杆、轨道头、支轨、吊环、螺钉以及膨胀螺栓等。一般情况下罗马杆的价格是已经包含这些配件的，例如，1m轨道25元，如果需要2m，那就是50元，这50元就是已经含有所有配件的价格了。

　　罗马杆的制作材料一般是合金塑胶、象木合金塑胶、蓄光合金塑胶、铝合金、碳钢、碳钢包塑、铁艺等，从质量上来看铝合金罗马杆比较好，选罗马杆的时候要选择承压力比较大的产品；从价格上来看蓄光合金塑胶最贵。

↑安装罗马杆

安装罗马杆时要检查罗马杆及其装饰头、支座以及吊环的配套性，且还需测量罗马杆的长度以及窗户的宽度。

↑罗马杆应用

罗马杆适用于落地窗帘，会显得整个室内空间十分的大气，且罗马杆价格比较实惠，适合大众选用。

7.1.2　窗帘暗轨

　　窗帘暗轨也被称为窗帘滑轨，安装方式比较灵活、占用空间小，一般安装在窗帘盒中，也有的用帘头将窗帘滑轨遮盖住。窗帘暗轨依据其形态的不同，又被分为直轨和弯曲轨，是近几年比较常用的一种窗帘轨道。

1. 直轨

　　窗帘直轨是现在很常用的一种轨道，主要由道轨、走珠以及轨码组成，道轨可根据要求做成单层、双层以及三层。单层轨适用于布帘，双层轨比较适用于布帘配纱帘，三层轨适用于布帘配纱帘及帘头。

2. 弯曲轨

　　道轨为弯曲形，由道轨、走珠以及轨码组成，主要适用于异性状的窗户，例如弧形窗户、直角窗户、八角窗户以及圆形窗户等。

↑直轨应用

直轨主要适用于比较常规的窗型，例如立窗、两扇推拉窗等，在选购时首先要看直轨是否匹配窗型，然后再从质量上进行选购。

↑弯曲轨应用

弯曲轨适用于飘窗、L 形窗等的窗帘，有单轨和双轨，建议选购消音的材质。

★窗帘小知识

滑轨

　　滑轨可以选择墙壁安装或者天花板安装，因此不仅可以安装在窗前，用于悬挂窗帘，而且可以在房间中间的天花板上安装，使用窗帘、线帘或者珠帘作为房间的隔断，能起到保护隐私及装饰的作用。

3. 窗帘暗轨的选购

现在市场上比较常用的是伸缩轨，它使用方便，长度可任意调节，材质上有铁制伸缩轨、铝合金型钢伸缩轨及塑钢伸缩轨等，在选购伸缩轨时要重点注意伸缩接口处是否粘结牢固，有无开裂现象等。

伸缩轨的接口处理决定了窗轨的使用寿命，如果接口处理得不好，使用时则会磨损滑轮，从而影响窗帘的开合。另外，由于弯曲轨适用的窗型比较特殊，从材质上大致可分为铝合金弯轨和塑钢弯轨两种。选购弯曲轨时要注意弯曲轨材料的厚度是否符合标准，其厚度会影响弯曲角度的大小以及承重的大小，因而要多多注意。

↑ 窗帘轨道

一般优质的轨道的壁厚都在 1mm 以上，如果厚度不够，窗帘就容易变形，并且还会影响滑轮的滚动。

↑ 窗帘滑轮

一般滑轮的材质是 ABS 和 POM 的，在选购时 建议选择 POM 的滑轮，POM 是耐磨性很强的树脂材料，使用寿命比较长。

除此之外，在选购塑钢窗轨时还可以从以下几点来判断其质量的优劣。

（1）开合是否有噪声。窗帘开合时声音的轻重程度决定了窗轨质量的优劣，优质的塑钢窗轨在拉启时声音仅在43dB左右，基本不会产生噪声。

（2）开合是否顺畅。在选购时必须要注意窗轨拉启的流畅度、滑轨的强度和承重力，优质塑钢窗轨的滑轮可承受48N的拉力，即使在负荷5kg的情况下，拉启上万次仍然轻滑流畅。

（3）是否平整。优质的塑钢窗轨造型美观，表面平整，规格误差一般小于0.15mm，即使在加热至150℃的情况下仍然不会产生气泡和裂纹，也不会有变形现象发生，内外壁依旧平整。

（4）安全。优质塑钢窗轨的各项指标均应达到国家标准。

7.1.3 窗帘挂钩及配件

　　窗帘的挂钩有很多种规格，设计风格独特、做工精致、款式新颖、花色繁多，适合搭配各种尺寸窗帘杆使用，其中以布叉钩和树脂挂钩为主，布叉钩以金属为主，实用性比较强；树脂挂钩以树脂制造为主，具有很好的装饰性，能满足个人的装饰风格。在选购时要选择那种承重力比较好且不易生锈的挂钩，否则会影响窗帘质量和美观。

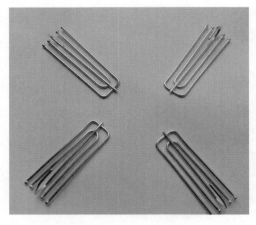

↑不锈钢窗帘挂钩

不锈钢窗帘挂钩的价格比较适中，防腐、防锈性能较好，承重能力强，适合带有帘头的落地窗。

↑铁艺类窗帘挂钩

铁艺类窗帘挂钩的钩头款式比较美观，但价格较贵，在选购时要看其是否符合防锈标准，是否有做防腐、防锈处理。

↑窗帘开口环

窗帘开口环主要分为塑胶环和金属环，一般是用手工扣合和机器铆合，使窗帘布穿套悬挂到窗帘杆上，选购时主要看其承压力。

↑铁艺窗帘杆头

铁艺窗帘杆头样式新颖，款式多样，艺术性比较强，在选购时要注意选择防腐、防锈性能比较强的。

↑ 树脂罗马环

树脂罗马环质地比较轻盈，也比较环保，一般适用于轻薄型的褶皱窗帘，选购时也要注意其承压力。

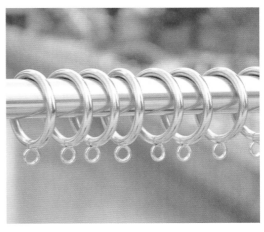

↑ 金属罗马环

金属罗马环承压力比较强，适用于大部分窗帘，在选购时要尽量选择环形直径较大的，有利于窗帘的开合。

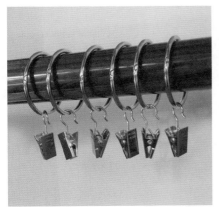

↑ 窗帘挂钩夹子

窗帘挂钩夹子一般建议在 1m 范围内挂7 个，咬合力属于中等水平，适用于款式比较简单的小型窗帘，选购时主要观察其夹口的咬合力度。

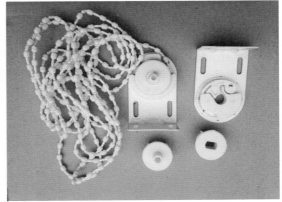

↑ 循环拉珠控制器

循环拉珠控制器主要用于卷帘，选购时主要看卷轮是否有开裂，拉绳上的珠子是否黏合牢固，拉合时是否顺滑无噪声等。

7.1.4 窗帘壁架

　　窗帘壁架的作用在于将墙与窗帘轨道或罗马杆连接起来，主要用于承接窗帘布的重量，属于传统的欧洲工匠手工工艺制品，工艺简便，经济实惠。

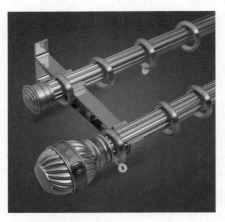

↑ 金属类的窗帘壁架

金属类的窗帘壁架外观圆滑且反光感强烈，质量良好，可以在多套模具上使用，实用性较强，一般推荐选购这种壁架。

↑ 木质类的窗帘壁架

木质类的窗帘壁架经过人工打磨后可以跟金属类的外观一样圆滑，风格比较质朴，但使用过久后会掉色，选购时要看其是否有做防掉色处理。

窗帘壁架在日常使用中很容易被忽略，但从窗帘使用的安全性出发，我们不得不重视窗帘壁架的选购，主要可以从以下几个方面着手。

1. 材质

要选择材质坚固，经久耐用的。优先推荐的是纯不锈钢壁架，承压力足够，安全性能高，但价格较贵；塑料壁架容易老化；木制壁架容易蛀蚀、开裂，长时间悬挂较为厚重的窗帘布容易弯曲且开合窗帘有阻碍；铝合金壁架颜色单一，时间一长很容易开胶，承重力较差也不耐摩擦；纯铁制壁架如果后期表面处理不当，很容易掉漆。

2. 做工

一般来讲支架与墙壁的接触面要大，挂起来才会稳定，所配的螺丝要长短适宜，咬合力才会比较好，壁架的各部位黏合要紧密，没有开裂现象，颜色要比较亮丽，触感比较光滑。

3. 与窗帘杆的适配性

窗帘壁架的尺寸有很多种，目前比较常见的有25mm、26mm、28mm、32mm及35mm这几种。壁架的尺寸不同，对应的窗帘杆的直径也不同，壁架的直径越大，相应的窗帘杆的直径也越大。

7.2 合适的布料更能凸显窗帘质感

不同材质的布料适用于不同类型的窗帘，使用者的要求以及使用范围也会对布料有不同的要求，在选购时要分情况进行选购。

7.2.1 布料材质不同窗帘效果不同

在选购窗帘时必须要了解窗帘布料的薄厚、纤维构成以及是否进行过特殊处理，这些对窗帘的使用会产生很大影响，在选购窗帘的原料布时要重点注意。

↑ 天然纤维面料

天然纤维的面料质感比较好，而且触感适宜，但是耐高温能力较差，一般建议选择人造纤维，价格适中，抗皱性及耐变色性都很不错。

↑ 麻质面料

麻质面料垂感比较好，纹理感强，比较耐拉扯，使用寿命较长，价格也比较适中，一般建议选用。

★窗帘小知识

不同的窗帘面料有不同的价格

不同窗帘的布料，价格会不一样，例如全棉的印花窗帘布的零售价一般在 65 ~ 70 元；麻料普通型在 75 ~ 80 元，好一点的要在 100 元以上；人造丝的面料价格在 60 ~ 200 元，变动较大；窗纱的价格跨度也很大，从 10 元左右到 100 多元的都有。进口窗帘布的价格一般均在 100 元 /m 以上，有些精品窗帘布价格更在二三百元以上。

↑棉质面料

棉质面料质地较柔软，手感好，选购时要看是否有拉丝以及颜色的明亮度等。

↑真丝面料

真丝面料较高档，是天然蚕丝构成，比较自然且层次感强，价格较昂贵。

此外，窗帘布料必须满足其基本的性能要求，这一点可以在布料的出产标识上查看，主要查看的内容有防火标准、防火等级、有害物质含量、环保标准、功能、工艺作用以及甲醛含量等。

窗帘布料的防火标准必须达到国家一级标准，窗帘布料的防火等级必须达到GB/T 5455—2014《纺织品燃烧性能 垂直方向损毁长度、阴燃和续燃时间的测定》中的M1、B1级，布料中有害物质含量要符合GB 18401—2010《国家纺织产品基本安全技术规范》，确保制作而成的窗帘不会对人体健康有害。窗帘布料的环保标准还需符合GB 50325—2014《民用建筑工程室内环境污染控制规范》中的基本要求，布料中化学成分的含量不可超过国家最新颁布的相关标准和规范要求。

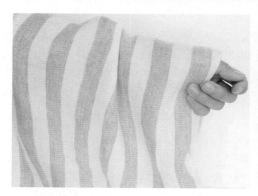

↑触摸窗帘

可通过触摸窗帘布料来感受柔滑度，还可通过嗅觉来分辨其是否有异味。

↑窗帘布料介绍册

可从窗帘布料介绍册上查看布料的相关指标，也可通过色卡来感受布料色度。

7.2.2   不同窗型要选择不同的窗帘布料

　　窗户的类型决定了要使用的窗帘款式，每一种窗型都应选择合适的窗帘布料，要从布料的质感、轻重以及耐脏度等来选择，除了使用单一的布料制作窗帘外，还可以将不同材质的布料进行拼接来装饰窗户。

↑观景窗窗帘布料

装有大面积玻璃的观景窗，适宜采用落地帘，为了达到观景的作用，建议选择纱质和棉质类布料。

↑弧形窗窗帘布料

弧形窗一般适合做整面落地式窗帘，也可以使用装有电动机的窗轨，不过考虑窗户过高和窗轨的承重问题，所以一般建议选用轻纱类布料。

↑高窗窗帘布料

窗高比较高的窗户一般建议选择垂感较好且比较耐脏的布料，方便后期清洁。

↑小窗窗帘布料

窗户面积较小的建议选择卷帘，可选择广告布、棉麻布或不会产生皱痕的布料。

7.2.3 不同的采光需要不同的窗帘布料

采光的不同，主要是指日照环境和照射方向的不同，因此在选择窗帘布料时，窗户的朝向是很大的影响因素，且空间的使用功能不同，所选择的窗帘布料也会有所变化。客厅、餐厅宜选较厚的布料，可以防止其受外界光线及噪声的影响；纱质窗帘装饰性较强，能增强室内的纵深感，透光性好，适用于面积较小的客厅和阳台；窗户下面安装有暖气的，应该选耐热性能好的布料，同时还不会阻挡暖气的热力散发进屋子里。

↑朝南/北的窗户 – 窗帘布料选择

朝南的窗户，光线好，薄纱、薄棉纱或丝质的布料比较适合；窗户朝北的房间，阴冷灰暗，应该选择暖色且有些厚重感的窗帘，增加温暖的感觉。

↑朝东/西的窗户 – 窗帘布料的选择

朝东或朝西的房间，阳光照射时间长，应选择经过特殊处理的布料，或是中性色的布料，带有隔热性能，否则会褪色或变色。

★窗帘小知识

窗帘布料的选择

功能分区不同，所需窗帘的布料也有不同，一般卧室需要安静的环境，可以选择遮光和隔音效果都不错的绸缎帘，其质地细腻，豪华艳丽；书房窗帘则可选透光性好、明亮的布料，色彩淡雅，有助于放松身心和帮助思考。

此外，不同年龄层次的人群对于布料的触感以及视觉感受都是不一样的，在选购布料时要确定使用人群的年龄段，并且爱好的不同，对布料的选择也会有所影响，选购时要考虑到这 一点。例如，老年人一般对光线反应强烈，建议选购布料较 厚、遮光性强，颜色比较庄重、素雅的布料。

7.3　从工艺看窗帘好坏

　　窗帘工艺是决定选择窗帘很重要的一点，它决定了窗帘最后的使用效果，以及花色样式，每一种工艺因其复杂度，价格也会有所变化。

7.3.1　常见的窗帘花纹制作工艺

1. 印花

　　印花工艺是指在素色胚布上用转移或圆网的方式印上色彩、图案等，色彩较艳丽、图案丰富细腻。印花工艺可以分为有纸印花、平网印花及圆网印花，有纸印花也被称为转移印 花，这种印花方式所用的布料价格比较实惠，可大批量生产，但容易褪色，出现重影；平网印花的工艺比较复杂，花型容易错位，价格处于中等偏上的范围；圆网印花成本较高，但制作出来的窗帘效果最好，长度一般在达到500m以上时，厂家才会接单生产。

2. 素染色

　　染色工艺又称为上色，制作工艺比较简单，主要在白色胚布上染上一层单一的颜色，制作出来的窗帘自然、朴素。染色是通过化学或其他方法影响布料本身而使其着色，因而天然 染色会需要用媒染剂，合成染色需要使用一些印染助剂。通过染色可以使窗帘呈现出人们所需要 的各种颜色，更好地丰富人们的家居生活。另外，采用染色工艺的布料在其纤维上都具有一 定的耐水洗、耐摩擦等性能，不容易褪色，大家在选购的时候可参考。

↑ 印花工艺制作的窗帘

印花工艺制作的窗帘花型颜色亮丽，造型自由，形象逼真，质感自然，适合工作紧张的都市人群。

↑ 染色工艺制作的窗帘

染色工艺呈现出来的窗帘色彩丰富而又简单，丰富在于它的颜色多种多样，简单在于呈现出来 的颜色非常整齐有序。

3. 绣花

绣花工艺是采用专业的计算机绣花软件进行计算机编程的方法来设计花样以及走针顺序，最后用绣花机最终完成绣花产品。绣花工艺主要分为平绣、绳绣、贴纱绣、彩绣及水溶绣这几种。

① 平绣　　　　② 绳绣　　　　③ 贴纱绣　　　　④ 彩绣　　　　⑤ 水溶绣

① 平绣是直接在底布上绣出花型，花型排列比较有序，操作比较简单，价格也比较实惠。

② 绳绣是用绳子绣出花型，所呈现的窗帘花型较立体，可以清楚地看出绳子的脉络，但使用率不高。

③ 贴纱绣是用纱质布料代替原有的布料，这种手法呈现的窗帘比较通透，但价格较贵。

④ 彩绣用的丝线都是有颜色的，呈现出来的窗帘花型颜色比较亮丽，使用率比较高，价格稍贵。

⑤ 水溶绣是不太常用的手法，它需要用药水浸泡布料，环保性不太高，但这种方式所呈现的窗帘花型会更具有设计感，一般不建议选购。

4. 提花

提花工艺可以分为普通色织提花、普通染色提花、高精密染色提花及高精密色织提花。色织提花布料一般会有两种以上的颜色，织物色彩丰富，不显单调，不仅花型立体感和色牢度比较强，色织纹路也会很鲜明。

←提花面料

提花面料可分为染色提花和色织提花，染色提花是将花型先编织好，然后再一起染 色，所制作的窗帘颜色比较少，容易褪色，花型 清晰度不太明朗，不建议选购；色织提花是先将丝绒染好色，然后再编织花 型，这种方式所制作的窗帘花型颜色比较丰富，色牢度高，不会轻易褪色。

7.3.2 其他窗帘花纹制作工艺

1. 植绒
植绒是利用电荷同性相斥、异性相吸的物理特性，使绒毛带上负电荷，将需要植绒的布料放在零电位或接地条件下，使绒毛垂直粘附在布料上的一种工艺。

2. 烫金
烫金工艺是利用热压转移的原理，将电化铝中的铝层转印到承印物表面以形成特殊的金属效果，这种工艺制作出的窗帘比较华贵，价格也比较高。

3. 烂花
烂花工艺是指在两种或者两种以上纤维组成的织物表面印上腐蚀性化学药品后经烘干、处理使某一纤维组分被破坏而形成图案的印花工艺。

  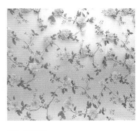

① 植绒　　　　　　　② 烫金　　　　　　　③ 烂花

① 植绒面料立体感强，又因绒毛具有吸音以及吸潮的功能，植绒类装饰布应用频次也有所提高。

② 烫金面料色彩鲜亮度比较强，能给人一种雍容华贵的感觉，适用于空间较大的区域，一般价格较贵。

③ 烂花具有独特的半通透效果，且花型风格百变、新颖、轻薄透明、花纹突出、轮廓清晰以及手感滑爽。

4. 剪花
剪花工艺主要运用在窗纱上，制作出来的窗帘纹样轮廓比较清晰鲜明，色彩也很绚丽，艺术效果比较强，是大众喜爱的一种窗帘制作工艺。

5. 手绘
手绘是在面料上用环保涂料手工绘制图案，制作后图案精致优雅，兼具实用性和观赏性。

6. 物理皱
物理皱是利用纤维不同的耐高温以及缩水率的性能，在面料后期处理的过程中形成褶皱。

成品窗帘主要从装修风格的搭配以及房间用途等因素来选购，窗帘店都会有窗帘样品，大家可以先分区浏览窗帘样品，然后依据家居的装修风格以及实际的经济情况来选择。

7.4.1 选择与空间相符的成品窗帘

不同的空间风格和空间结构适合选择不同的成品窗帘，为了保证空间的统一性，在选购成品窗帘时要结合家居及实际情况来选择。

↑成品窗帘风格的选择

成品窗帘的风格和整体住宅空间的装修风格应一致，不建议选择混搭风，混搭风会显得杂乱无章。

↑空高不足的客厅窗帘选择

空高不足的客厅不要选用带有多重帘头的窗帘，这样会显得窗帘厚重，压低空间感。

★窗帘小知识

窗帘布料需具备的性能

窗帘布料要具有基本的性能，例如不起皱、不褪色、日晒色牢度达到 5 ~ 6 级，垂感好、耐脏、易清洗、不易藏污纳垢、色彩柔和以及无异味等；窗帘布料还必须经过防污、防油渍、抗变形以及防静电处理；甲醛含量也必须符合国家标准及 E1 排放标准，例如以 PVC 包覆聚酯纤维为原材料织造的产品，不能包含玻璃纤维成分。

↑不同窗帘适用于不同窗型

落地窗可选择成品落地窗帘；半截窗如果在窗下安装了暖气，可选择下摆在窗台以下 300mm 处的窗帘。

↑成品窗帘购买

为了延长成品窗帘的使用寿命，建议选择购买 配备有窗帘环的窗帘，这样比较容易清洗和拆 卸。

　　作为家居装饰中的一个重要组成部分，窗帘可以很轻巧地改变室内的色调及风格，给家中带来全新的感觉，甚至成为美化居室、调节心情的艺术品。

↑透光度很强的纱帘

透光度较强的纱帘既能给予使用者一种朦胧的美感，同时窗帘上的小花也赋予了室内更浓郁的自然感。

↑具备趣味图案的窗帘

柔软的棉质窗帘在不知不觉中就能放松人的心情，不仅触感良好，同时帘上可爱的简笔画也能很好地缓解工作一天的疲劳。

7.4.2　具体功能分区的窗帘选择

1. 客厅

客厅是整个家居环境中第一个视觉区，因此窗帘的选择至关重要。客厅主要用于待 客，在选购成品窗帘时建议以浅色调、透光性强的薄布料为主，可以营造出一种庄重简洁、大方明亮的视觉效果。

2. 餐厅

餐厅同样属于开放空间，如果不在西晒区域，一般建议选择有一层薄纱的成品窗帘。色调建议以暖色调为主，例如黄色，可以增强食欲感；色泽一般要选整洁、清爽的，尽量营造出一个良好的用餐环境。窗纱、印花卷帘、阳光帘都是餐厅窗帘的不错选择，当然窗型较小的话做罗马帘会显得更有档次。

3. 卧室

卧室是休息区，属于典型的私人空间，是所有情怀与情结寄居的地方，因而给卧室营造出温馨、浪漫的感觉非常重要，成品窗帘可以选择青色、绿色、紫色等色彩的窗帘，使卧室空间呈现出所需的氛围。

↑ 客厅窗帘 ↑ 餐厅窗帘 ↑ 卧室窗帘

客厅建议选用双层窗帘，一方面可以遮光，另一方面也能根据需要调节光照，营造一种良好的聊天氛围。

餐厅适合选购比较清爽的暖色系窗帘，例如柠檬黄色的窗帘，既能增加食欲，又能冲淡厨房带过来的油烟味。

卧室成品窗帘可以选择厚实遮光的布料做主 料，一般多为纱、帘双层，与床上用品搭配会有意想不到的效果。

4. 书房

书房追求一个素净的阅读与工作环境，主要选择以淡绿、淡蓝等颜色为主的成品窗帘，图案应比较简洁、淡雅、清新，能够让人从繁忙、紧张的都市生活中解放出来，舒缓自己的身心，放松自己的神经。

5. 儿童房

儿童的世界很简单，五彩的窗帘是他们的不二选择，当然对于儿童房而言，成品窗帘的安全性能是很重要的。因此，儿童房的布置从总体而言要简单，其选购成品窗帘时可以选择美观、简洁的卡通图案卷帘或具有个性色彩的单色卷帘来增加房间的童趣。

此外，在购买儿童房成品窗帘时要注意到儿童活泼好动的天性也决定了儿童房的颜色特征，即色彩鲜明、对比强烈，因而可以大胆选购色彩多样、款式新颖的窗帘。

↑书房窗帘

天然竹木为原材料的竹窗、木百叶帘是书房的首选，其简洁明快的造型可使人神清气爽、头脑清醒。

↑儿童房窗帘

3D 彩印窗帘上具有丰富的色彩与卡通人物，触感真实，既能丰富儿童的想象力，也能增添生活乐趣。

★窗帘小知识

平直式挂法

采用平直式挂法的窗帘适用于卧室、浴室等大众空间，这种窗帘挂法安装简单，可以自己去动手，比较经济实惠，但注意要选择适宜的套环，并且定孔要准确。

6. 阳台

目前的阳台大多采用封闭式，主要可分为生活阳台和休闲阳台，生活阳台一般不会设置窗帘，休闲阳台则可选择质地较轻薄的窗帘，多以落地帘和卷式窗帘为主。

↑阳台窗帘

封闭式阳台建议选购既遮光又透气的阳光卷帘或百叶帘，阳光卷帘不仅能遮挡紫外线，还能节省空间，价格也实惠，适合选用。

↑阳台卷帘购买注意事项

在购买卷式窗帘时，要注意检查窗帘的拉绳、滚轴等是否有损坏，窗帘布料要选择耐脏性能较强的。

本章小结：

如何选购一个合适的窗帘是消费者一直在思考的问题，不论是从使用对象出发，还是从窗帘布料出发，所追求的均是能够购买到使用寿命长、样式美观以及综合性能强的窗帘，而了解清楚在何种情况下应该使用何种窗帘，会使得窗帘选购更具有科学性。

Chapter 8
深入图解窗帘安装

学习难度： ★ ★ ★ ★ ☆

重点概念： 备齐工具、各类窗帘安装、后期验收

章节导读： 目前很多窗帘安装都会配备专业人士，部分造型和结构均比较简单的
窗帘也可以自行安装，如卷帘、小型垂挂窗帘以及滑轨杆窗帘等。了
解清楚窗帘的安装方式以及后期如何验收检测，能够帮助在遇到窗帘
故障时可以及时更正，这样既能省掉一部分安装费，同时也能依据喜
好更换自己喜欢的窗帘。

8.1 备齐基本材料工具

　　了解窗帘安装的相关材料和工具，有助于我们更安全、更便捷地进行窗帘的安装。一般窗帘安装的主要工具有手持充电式电锤钻、充电式电钻、水平仪、手套、螺丝、记号笔以及工具箱等，在工具箱中可以找到所需工具。

↑手持充电式电锤钻

手持充电式电锤钻是冲击钻和电锤两种功能相结合的一种手持电动电锤钻，这种手持充电式电锤钻造型比较小巧，使用比较方便，主要用于混凝土楼板、立柱、横梁、砖墙等界面上钻孔。

↑充电式电钻

充电式电钻是利用电力转化为动力的一种钻孔设备，同样用于钻孔，冲击力度较手持充电式电锤钻小，这种电钻电功率比较小，主要用于木质、金属、塑料材料上钻孔或安装螺钉。

↑水平仪

水平仪是一种测量小角度的常用量具，在安装窗帘时可以使用水平仪测量定位是否准确，保证窗帘安装平整。

←手套

使用一般的针织手套就可以，价格也不贵，在使用电钻钻孔以及后期安装窗帘时都需要佩戴手套，以免有木刺扎伤手。

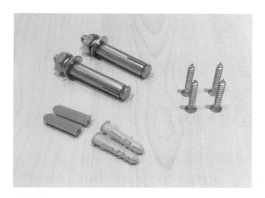

↑螺丝

一般买回来的窗帘都会配有相应的螺丝，例如膨胀螺丝、平口螺丝及有螺纹的螺丝等，窗帘买回来后要确认这些螺丝的大小是否适合。

↑记号笔

记号笔用来记录钻孔的位置，一般建议用黑色或者颜色比较显眼的记号笔，这样在钻孔时比较方便查找孔洞的位置。

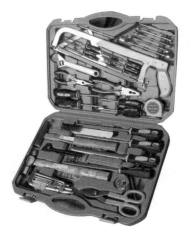

↑工具箱

工具箱里的工具有很多，在安装窗帘时会用到里面的工具，例如梅花起子 、老虎钳子、卷尺、扳手等，使用这些工具时要小心，以免误伤。

↑查看工具是否齐全

准备好相应的工具之后就可开始窗帘的安装了，要记住需要的工具一定要准备齐全，要着重检查螺丝的尺寸是否合适。

8.2 测量钻孔安装预埋件

定位钻孔是安装窗帘的核心，定位的准确度影响到窗帘安装的外观效果，钻孔的深度与牢固度也会影响窗帘安装的安全性能。对于重量较大的窗帘还应当安装金属预埋件。

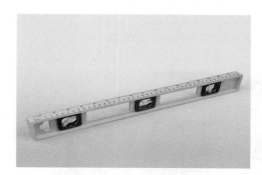

←传统水平定位仪

传统的定位仅仅依靠带气泡的水平尺是不够的，这种工具在使用时容易造成误差，找准水平位置时需要用双手扶稳，操作起来不方便。安装窗帘杆找 准水平高度的最佳工具是激光水平仪，配套三脚架可以在墙面投射出水平参考线。

↑激光水平仪

激光水平仪安装在配套三脚架上的高度一般不超过 1500mm，而窗帘的钻孔安装高度一般都在 2000mm 左右。因此，要根据投射到墙面上的水平线与垂直线，用卷尺测量出高度，就能精确定位窗帘安装的准确高度了。用卷尺测量时一定要顺着垂直线测量。

←做十字标记

用激光水平仪和卷尺测量完成后应当反复检查核实，确定无误后用记号笔或铅笔做出醒目的标记，以十字标记为佳，但要注意十字标记的长宽不要过大，要求最后能够被安装件遮挡。在已经做好外饰面装修的墙面、顶面上做标记时最好用铅笔。

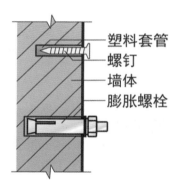

塑料套管
螺钉
墙体
膨胀螺栓

←预埋件示意图

常规的预埋件有膨胀螺钉与膨胀螺栓两种，膨胀螺钉用于一般窗帘，规格要求直径不能低于6mm，长度不低于35mm。膨胀螺栓的承受力量较大，可用于重量较大的窗帘。膨胀螺栓规格要求直径不能低于8mm，长度不低于40mm。

←钻孔

用电锤钻钻孔时，初期的力度要轻，太重会让钻头偏离位置，待钻头进入墙体之后再用力地推压。选用的钻头型号要与膨胀螺钉型号相匹配。

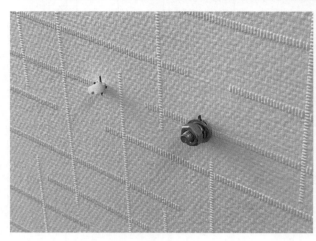

←安装螺钉

膨胀螺钉与膨胀螺栓插入钻孔后要用锤子钉牢固，如果有轻微松动则属于正常，如果特别松动则说明钻头型号过大，可以用 多根牙签塞入洞中，再钉入膨胀螺钉与膨胀螺栓。

↑固定螺钉

膨胀螺钉可用轻型电钻配套十字披头紧固安装，而膨胀螺栓则需要用扳手拧紧，在拧紧之前还要考虑清楚，是否需要连同窗帘挂件一同固定。如果再次拆卸则有可能会发生松动。

←加固螺钉

对于轻型窗帘，可以在墙面预先钉接木质板材作为基层，然后直接在木质板材表面钉入普通螺钉，但是这种钉接方式不适用于大型窗帘。

8.3 穿杆垂挂窗帘安装图解

穿杆垂挂窗帘是现代生活中最常见的窗帘样式之一，安装起来比较简单，但是由于穿杆的长度较大，安装时对穿杆定位的精准度要求比较高，建议采用激光水平仪来进行定位。

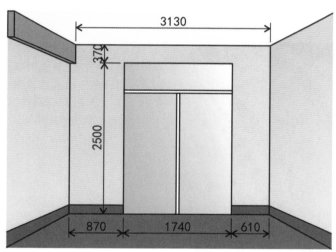

←穿杆垂挂窗帘安装图示

安装之前首先要做的就是测量相关的尺寸，主要测量门窗的高度、宽度以及与天花板的距离，窗帘杆一般适合安装在墙面上，将测量的尺寸画出简图，然后对窗帘加工制作。

←检查窗帘尺寸

检查加工完成的成品窗帘和窗帘杆的尺寸是否与设计尺寸一致，检查窗帘杆是否笔直，检查窗帘面料是否存在瑕疵。

←穿杆窗帘杆件

穿杆垂挂窗帘的杆件内部材料是金属的，外部材料以 PVC 的居多，花色品种各异，仔细观察内部金属材质，金属壁厚不应低于 2mm，长度超过 2m 的窗帘杆中央应当增加支撑挂件。

←检查布料

查看窗帘面料的正反面是否有线头，如果有瑕疵应尽量将其剪去并收拾干净，分清窗帘面料的正反面，以免在安装时发生错误。

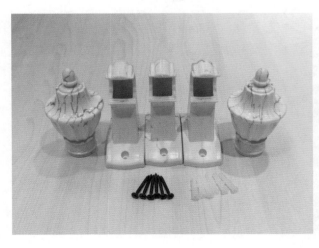

←检查配件

检查配件是否齐全，是否存在破损或残缺，如果有问题应当及时与厂家联系调换，对于存在破裂、缺口的配件，如果不影响使用，可采用万能胶粘接修复。

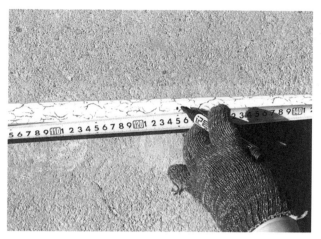

←卷尺测量窗帘杆

用卷尺在窗帘杆上测量，并标记支撑挂件的位置，一般要标出正中心与两端标记，两端标记距离端头约 30mm 即可。

←定位标记

根据标记的位置在墙上定位标记，成品窗帘高度一般为 2700mm，那么支架的安装高度一般为 2750 ~ 2800mm，定位时一定要找准位置，不能有任何偏差。最保险的方法是，定位完成后进行一次复核。

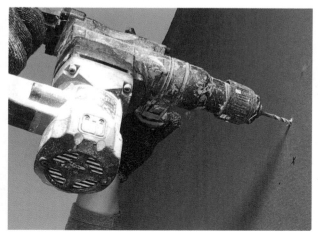

←使用电锤钻钻孔

使用电锤钻钻孔时注意进入墙体的角度，要与墙面保持垂直。初期推压的力度要小，防止钻头偏离方向，待钻头进入到墙体后再用力推压，遇到阻力时应当前后移动，使钻头更有冲击力量。

←使用钉锤钉入膨胀栓

选用长度大于 40mm 的塑料膨胀栓钉入，根据墙体的密度会产生不同的阻力，在遇到较大阻力时也要将膨胀栓完全钉入孔洞中，在遇到较小阻力或没有阻力时，就要注意了，应当塞入牙签加以加固。

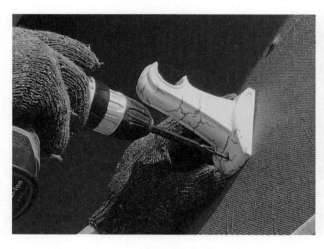

←安装十字披头

用小电钻安装十字披头时应将螺钉钻入膨胀栓内，应当将支架基座一同安装，如果是两个螺钉，一般先安装下部，后安装上部，两个螺钉可以先后钻入，但要同时拧紧，避免将其中一个拧紧后再去安装另一个，避免发生轻微位置偏移，重新安装。

←安装窗帘杆

将窗帘杆横搁在中间支架上，对准中点标记放好，入卡口紧固，但是两端暂时不要紧固，待窗帘穿入后再卡紧。

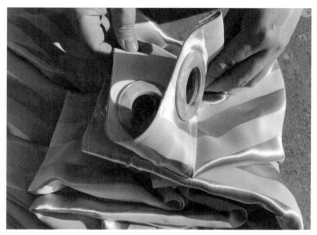

←折叠窗帘

将窗帘展开后，整理平整，将上部端头对折，窗帘左、右两端的折叠方式是向人体方向外凸，向墙面方向内凹，注意不要折反了，否则无法固定在窗帘杆的两端。

←将窗帘穿入窗帘杆

将窗帘分别从两端穿入窗帘杆，全部孔洞穿入后，只保留一个孔不穿，待两端的窗帘杆卡入支架后再穿入窗帘杆上，这时外露的窗帘杆长度应当只有 30mm 左右。

←安装装饰帽

将装饰帽安装到窗帘杆两端上，如果有松动，可采用水管生料带缠绕几圈，但是不应用万能胶粘接，以免日后无法拆卸清洗。如果特别紧，甚至无法安装，可用砂纸将窗帘杆两端打磨，将外径磨小即可。

←整理皱褶

窗帘安装完毕后，在完全关闭状态下整理窗帘的皱褶，将形态理顺，灰尘拍打干净，最好在阳光充足的天气下安装，让太阳晒3～5小时消毒最佳。

←绷紧窗帘

将窗帘中央部位收紧，根据凹凸不平的波折来折叠整齐，折缝应当均匀整齐，折叠部位至顶部之间的窗帘应当拉直绷紧。

←安装腰绳

将配套腰绳系在窗帘折叠处定型，保持24小时后 再松开，以后正常使用时完全展开即能看到比较整齐的波折痕迹，这样也能使窗帘显得挺括有质感。

8.4 挂钩垂挂窗帘安装图解

挂钩垂挂窗帘安装比较紧凑，方式多样，同样一套挂钩挂架，既可以侧壁安装，又可以顶棚安装，使用起来十分灵活，滑轨材料也比较便宜，经济实惠，是现代家居、办公空间的最佳选择。

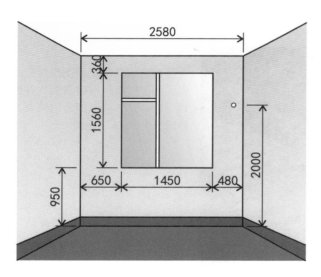

←测量尺寸

安装之前首先要做的就是测量相关的尺寸，主要测量门窗的高度、宽度以及与天花板的距离，根据需要设计窗帘滑轨适合安装在墙面上还是顶面上，将测量的尺寸画出简图，然后加工制作窗帘。

←检查窗帘尺寸与配件是否相符

检查成品窗帘和窗帘滑轨的尺寸是否与设计尺寸一致，然后检查窗帘滑轨是否笔直以及窗帘面料是否存在瑕疵等。

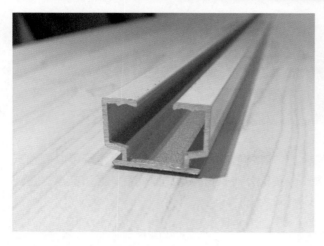

←观察滑轨

仔细观察滑轨截面，窗帘滑轨一般为铝合金材质，型材的截面厚度不应低于 2.5mm，且滑轨轨道内应当光洁无毛刺感，滑轨整体应挺直且无任何弯曲变形。

←查看布料是否有线头

查看窗帘面料的正反面是否有线头，如果有应尽量将其剪去并处理干净。安装时必须分清窗帘面料的正反面，以免出错。

←检查相应配件

检查窗帘的配件是否齐全以及是否存在破损或残缺现象，如果有问题应当及时与厂家联系调换，滑轮和窗帘挂钩一般会有很多，足够各种环境下的安装工作。

←测量挂件安装位置

用卷尺在窗帘滑轨上测量，并标记挂件的具体安装位置，一般要标出正中心与两端标记，两端标记离端头的距离要控制在 30mm 左右。

←确定支架位置

根据标记的位置在墙上定位标记，成品挂钩垂挂窗帘安装高度一般在窗户上檐上部 150mm 处，如果成品窗帘高度为 2700mm，那么支架就应当安装在顶面，定位时注意找准位置，最保险的方法还是定位完成后再进行一次复核。

←定位后钻孔

用电锤钻钻孔时注意钻孔角度，要与墙面保持垂直，初期推压的力度要小，防止钻头偏离方向，待钻头进入到墙体后再用力推压，遇到阻力时应当前后移动，使钻头更有冲击力量。

←钉入膨胀栓

选用长度大于 40mm 的塑料膨胀栓钉入，注意在遇到较大阻力时也要将膨胀栓完全钉入孔洞中，在遇到较小阻力或没有阻力时可入牙签加固。

←安装十字披头

用小电钻安装十字披头时应当将支架基座一同安装，如果是两个螺钉，一般先安装下部，后安装上部，两个螺钉可以先后钻入，但要同时拧紧，避免将其中一个拧紧后再去安装另一个，否则发生轻微位置偏移，就得完全拆卸，重新安装。

←安装滑轨

将滑轨卡入支架基座中，滑轨上的标记与支架基座要对准卡入，入卡口时应当用手指扣动基座中的塑料紧固件，这样才能顺利将滑轨卡入并紧固。

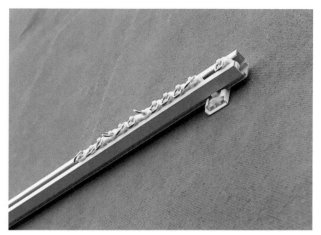

←安装备用滑轮

将滑轮从滑轨的一端逐个放入，一般要多放几个，虽然不一定都会用到，但日后一旦某一个滑轮损坏，也可以随时将窗帘挂钩换到其他滑轮上。

←封闭滑轨盖板

将滑轨端头的盖板封闭，使用电钻螺丝披头紧固封闭，以防滑轮漏掉，注意不能用万能胶粘接，以免日后不便维修。

←将挂钩穿入窗帘

将窗帘展开，挂钩插入窗帘头带中，注意插入的方式与方向，插入挂钩后的窗帘头带会起皱褶，应适当整理，让窗帘呈现比较自然的波浪状态。

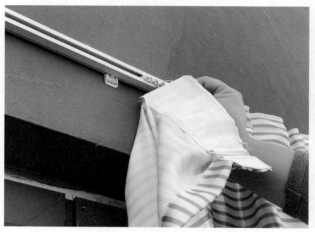

←安装挂钩

将挂钩逐个挂到滑轮上，挂到中央时，可以随意间隔一个滑轮，将多余的滑轮分配均匀，但是多余的滑轮不宜过多，一般在计划滑轮数量的基础上多10%～20%即可，过多的滑轮会增加窗帘折叠后的宽度。

←整理窗帘褶皱

挂好全部挂钩后将窗帘展开，在完全关闭状态下整理窗帘的皱褶，将窗帘的形态理顺，灰尘拍打干净，最好在阳光充足的天气下安装，可让太阳晒3～5小时消毒最佳。

←保持窗帘的挺括度

检查窗帘的挺括度，对窗帘起皱褶的部位做适当拉扯、绷紧，必要时可以采用挂烫机将垂挂完毕的窗帘烫平。

8.5 电动垂挂窗帘安装图解

　　电动垂挂窗帘适用于带有窗帘盒的窗户上，电动控制分为有线与无线，家居空间以有线遥控为佳，方便使用，以免遗忘遥控器；而公共空间则可以使用无线遥控，遥控器一般是专人集中管理。

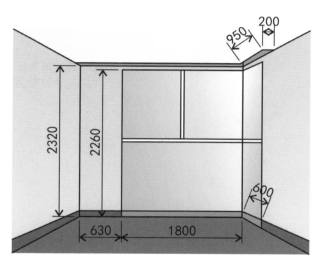

←电动垂挂窗帘安装图示

在装修过程中应当预留窗帘盒，窗帘盒的宽度和深度 一般均为 150 ~ 200mm，过窄不适合安装电动机和后期维护，过宽则会让电动机裸 露在外部。

←安装前要预留电源线

电动垂挂窗帘一般在全部装修完成之后再进行设计安装，窗帘盒里要预留电源线，采用 2 根普通 $1.5mm^2$ 电源线即可，分别为零线和火线，火线一般连接着开关。

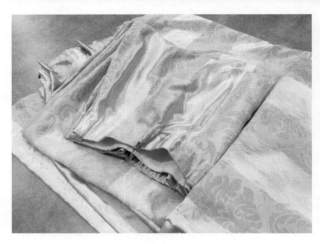

←检查加工窗帘

将加工好的窗帘展开检查，注意确定尺寸无误后才能安装，电动窗帘为了追求平顺的开关效果，一般选用质地较厚的遮光窗帘。这样开启和关闭时，速度会很均衡，窗帘布也不会大幅度摆动。

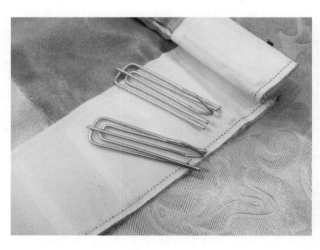

←确认挂钩数量

检查挂钩的数量和皱褶位置的关系，挂钩材质应采用镀锌金属或不锈钢金属，防止生锈。

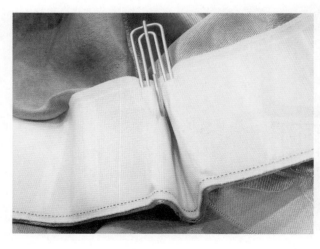

←安装挂钩

将挂钩插入窗帘头带中，注意插入的方式与方向，插入挂钩后的窗帘头带会起皱褶，安装过程中应适当整理，以便能让窗帘形成比较自然的波浪状态。

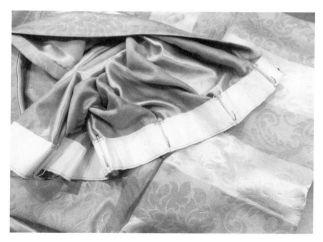

←检查挂钩安装密度

将挂钩全部插入窗帘头带后，重新检查一遍，电动窗帘对挂钩的安装密度有着严格要求，过于密集或稀疏都会造成开合效果不佳。

←控制好滑轮间距

单轨式电动滑轨中有履带，履带连接着滑轮，滑轮之间的间距是固定的，间距为80 ~ 100mm，可以人为调整，一旦调整完毕就不便再变动。

←确定安装尺寸正确

将安装好挂钩的窗帘同安装部位比照宽度，对每一段的安装尺寸都要了解，避免挂上去后出现一头松一头紧的状态。

←控制好上勾力度

挂上勾时力度要轻，不要左右、前后、上下用力拉扯，以免让履带受力不均而发生损坏。

←电机试启动

将窗帘全部挂接完毕后，可以通电启动电动机试运行，将窗帘缩紧到一端，理顺皱褶，并将窗帘凹凸起伏的部分整理美观。

←设定终止器

再次启动电动机试运行，将窗帘完全关闭，在完全关闭状态下开启电动机的终止器，给电动机输入终止指令，以后每当窗帘移动到这个程度时就会自动停止。同样在完全开启状态下也需设定终止器。

←测试电动窗帘

全部设定完成后开始测试，测试开、关窗帘至少 5 遍以上，确保开关顺利、流畅无误后即可正常使用。

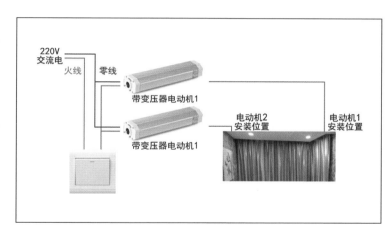

220V
交流电

火线　零线

带变压器电动机1

带变压器电动机1

电动机2
安装位置

电动机1
安装位置

←电动窗帘电路系统

家用电动窗帘一般都采用有线安装，220V普通交流电的火线首先接入开关，由开关控制通断，再由开关输出火线给窗帘电动机，电动窗帘专用的电动机都带有变压器，能将交流电转为低压直流电来驱动窗帘。

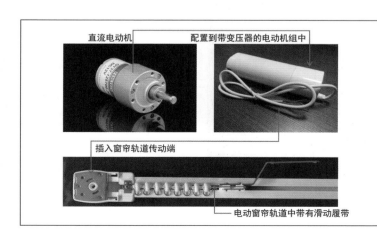

直流电动机

配置到带变压器的电动机组中

插入窗帘轨道传动端

电动窗帘轨道中带有滑动履带

←电动窗帘电动机运行图示

电线应当在装修时预先安装到位，窗帘电动机中的核心仍然是普通直流电动机，只不过比普通的玩具电动机功率更高，质量更稳定，窗帘滑轨中带有连接滑轮的履带，整体结构比较简单。

←特殊部位需特殊的滑轨

遇到转角部位，需要对窗帘滑轨进行特殊加工，定制成品转角电动滑轨，价格较高，但是电动窗帘大多用在这种转角窗帘上才能体现出效果。

←电动窗帘安装位置选择

电动窗帘在运行过程中不能遇到阻力，如果运行中窗帘钩挂家具，会造成窗帘电动机发热或烧毁，给使用带来安全隐患，因此，电动窗帘一般安装在周边比较空旷的位置，周边不宜摆放家具或其他尖锐重物。

←电动窗帘开关

电动窗帘的开关应用普通门铃开关，这种开关在按压状态下为通电，释放后为断电，比较适合家庭或小型办公空间选用。

8.6　卷筒窗帘安装图解

　　卷筒窗帘的安装比较简单，一般在买回来的窗帘中都会有说明书，依据说明书我们就可以安装窗帘，但也有部分说明书介绍不是很全面，下面就以图文并茂的方式来给大家详细解析卷筒窗帘的安装。

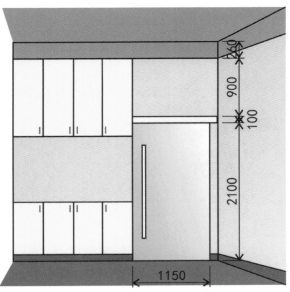

←卷筒窗帘安装图示

安装之前首先要做的就是测量相关的尺寸，主要 测量窗户的高度、宽度以 及与天花板的距离，卷筒窗帘适合安装在面积小的 窗户上，使用起来会比较 方便。

←清除门上残留物

此处安装的卷筒窗帘主要起装饰的作用，将门上多余的残留物清除掉，一般门高为2200mm，安装之前可以先准备一个三脚梯，方便操作。

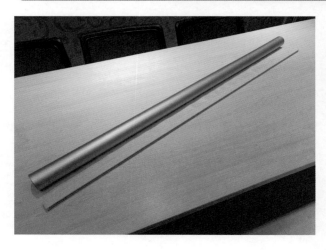

←检查窗帘布

将买回的卷筒窗帘布放置在桌子上，打开查看是否有色差、破损、起皱以及宽度不均等现象，一旦发现，应立即更换。

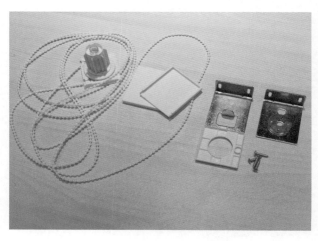

←检查配件是否合适

卷筒窗帘包装袋中一般包括窗帘滚轴、拉绳、螺丝、固定杆件以及窗帘底盖等配件，安装之前要检查螺丝的尺寸大小是否合适。

←检查窗帘布柔韧性

打开卷筒窗帘布，轻轻地拉扯，检查其柔韧性和 抗压能力，确定无误后将窗帘布卷起来，放置一边备用。

←卷尺测量孔洞位置

使用卷尺测量孔洞位置，确定好孔洞的位置后，用记号笔画上十字标识图案，既醒目又方便，十字标识图案的中心即为钻孔的位置。

←钻小孔

使用充电式电钻在十字标识的中心处轻微地钻一个小孔，这样可以方便后期用梅花起子将螺丝钉入木板内，节省时间。

←钉入螺钉并安装金属底座

钻孔结束后，将窗帘底座对准孔洞 放置在门头上，然后使用梅花起子先将一枚螺钉拧入孔洞内，注意先只拧入 1/3，等另一孔洞的螺钉拧入 1/3 后再拧剩下的部分，这样做可以有效地保证窗帘安装的平稳性。

←安装另一边金属底座

另外一边的窗帘底座也如此安装，注意辨别两边底座的区别，一个是中心有圆孔的底座，安装在没有滚轴的一边；一个是中心有方孔的底座，安装在有滚轴的一边。

←测量窗帘布宽度

固定好底座后，需要测量卷筒窗帘布的宽度和两个底座之间的间距，确保窗帘布的宽度与底座间间距一致，如果发现有偏差，要及时进行调整。

←安装窗帘滚轴

将滚轴插入卷筒窗帘中，注意滚轴要摆正，不要有偏差，插入后要拍打两下，使滚轴与卷筒窗帘贴合紧密，没有空隙，这样在后期使用过程中窗帘才不会轻易脱落。

←安装塑料底座

将对应的塑料窗帘底座安装在金属底座上，注意对准角度，不要太过用力，以免塑料底座破裂；另一边也是如此。

←安装卷筒窗帘一边

将卷筒窗帘的一边对准拥有圆形孔洞的底座，使其固定在底座上，够不着时可以借助梯子，这样会更方便操作。

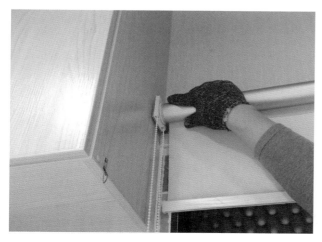

←检查窗帘是否安装准确

将卷筒窗帘的另一边安装在方形孔洞的底座上，此时安装会有些费力，将窗帘向上移动，将其缓缓地安装进底座上即可，安装结束后用手按压窗帘的中心，检查窗帘两边是否均安装准确。

←安装窗帘塑料底座盖

将塑料底座盖安装到底座上，安装时沿着孔洞方向慢慢地往前推；另一边也是如此安装底座盖，安装结束后注意检查安装是否准确。

←卷筒窗帘拉合实验

卷筒窗帘安装结束之后需拉动拉绳，检查窗帘上下拉合是否有障碍，注意把控力度，力度过大可能会将拉绳上的拉珠扯下。

←注意保养窗帘

卷筒窗帘在使用时要注意保养，一般可以用抹布蘸取适量的酒精来进行清洁，尽量避免油污等与其触碰。

8.7 百叶窗帘安装图解

　　百叶窗帘除了我们最常见的铝合金材质以外，还有印有各类图案的竹质百叶帘等，百叶窗帘在办公空间中经常会用到，现代家居中也会运用到百叶帘，下面给大家讲述百叶窗帘安装的具体步骤。

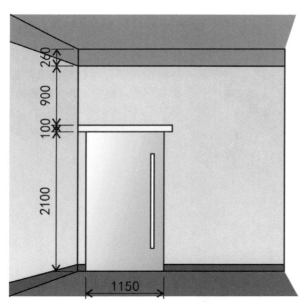

←百叶窗帘安装图示

百叶窗帘安装前也同样需要测量尺寸，它适用于面积比较小的窗户，也适用于需要调节遮光环境和具有一定隐私度的区域。

←百叶窗帘叶片

百叶窗帘的叶片常用的 是铝合金材质和 PVC 材质的，安装时要佩戴手套，以免被割伤。百叶窗帘上一般都会配备拉绳，购买回来后要检查拉绳有否断裂。

←检查摇杆是否有损坏

百叶窗帘拉绳的另一边是摇杆，摇杆主要控制百叶窗帘叶片的闭合度，在安装之前，也需要检查摇杆是否有裂痕。

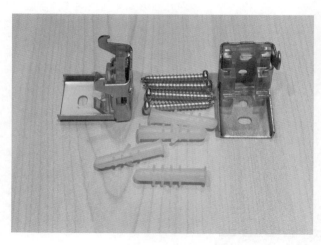

←检查百叶帘配件

百叶窗帘的配件包括安装底座、膨胀螺栓及螺钉，安装前要确认螺丝的尺寸大小是否正确。

←测量百叶帘尺寸

用卷尺测量百叶窗帘的长度和宽度，并将其与设计图纸上的尺寸相比对，确认无 误即可进行下一步操作，收缩卷尺时注意要慢收，不要划伤手。

←卷尺测量门头安装尺寸

使用卷尺测量门头上百叶窗帘安装的宽度值，并与百叶窗帘本身的宽度值相比对，由此确定出钻孔的位置。

←标记孔洞位置

对比百叶窗帘配件上的孔洞，用记号笔在需要安装的位置画好孔洞的位置，同样可以画十字交叉标识，方便后期钉入螺丝。

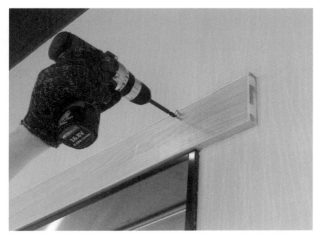

←钻出孔洞

使用充电式电钻将螺钉的 1/3 钉入木板中，然后再将另一个螺丝也钉入同样的深度，拔出螺丝备用，预留的孔洞可以防止螺丝安装时打滑。

←安装窗帘挂件

将窗帘挂件对准之前打好的孔洞，注意上下方向不要安装错误，安装时保证挂件与木板处于一个平行的状态。

←安装百叶窗帘

将整理好的百叶窗帘放入两个配件中间，注意孔对孔，建议利用梯子，这样操作比较方便，也有利于卡紧窗帘。

←安装窗帘卡扣

将百叶窗帘U型铝合金中的塑料拉片拉出，并将上方金属挂件与U型铝合金的卡口对准，然后松开塑料拉片，另一边也依照这种方法将百叶窗帘卡扣在挂件上。

←使用拉绳要控制好力度

同时拉动两根拉绳，百叶窗帘会同时被卷起，使用拉绳时要注意好力度，另外要定期对拉绳进行清洁和保养。

←拉绳实验

单根拉绳拉动百叶窗帘时，只会有一边的窗帘被卷起，将拉绳向右拉起时只会有左边的窗帘被拉起；向左边拉动拉绳时，只会有右边的窗帘被拉起。

←摇杆实验

使用摇杆可以自由地调节百叶窗帘的透光度，旋转摇杆时要慢慢地转动杆身，太过用力或者转杆速度过快，都有可能将摇杆转断。

←涂抹免钉胶

百叶窗帘安装后为了避免窗帘挂件脱落，可以在其表面涂抹适量的免钉胶，免钉胶可以起到很好的固定作用，价格比较适中。

←调整透光度

安装结束，当摇杆向右转到最紧处时，百叶窗帘的叶片间的空隙最大，基本处于平行状态，此时透光性也能达到需要值。

←百叶窗帘能有效保护隐私

安装结束，当摇杆向左转到最紧处，百叶窗帘不会透光，外面看不到室内的场景，保证了基本的隐私性。

8.8　最后的验收检测

　　窗帘产品的质量与安装水平有一定联系，但不完全相关，如今窗帘产业比较成熟，一般不会有太大的质量问题，如有瑕疵都能自行解决，验收检测的目的在于及时发现问题，解决问题，避免问题扩大后造成窗帘无法正常使用。

←检查穿孔部位是否牢固

观察穿孔部位构件是否紧密牢固，如果每个穿孔都有 环状态松动属于正常，如果只是某一个有明显松动，可以采用万能胶粘贴缝隙，压紧后待干即可正常使用。

←检查窗帘杆安装情况

安装后如果发现窗帘杆有弯曲，应当将弯曲突出方向向上，在两端支架与窗帘杆之间处涂抹少量免钉胶，保持窗帘杆向上凸起状态，一般不应放置成向下凸起状态。

←检测窗帘弹性

双手拉扯窗帘，优质产品不会存在较明显的弹性，拉扯的面料应当挺括，松开后应当没有褶皱。

←检查窗帘锁边

观察窗帘背面的锁边线头是否整齐，线孔是否均匀一致，如果窗帘存在皱褶，可以使用挂烫机处理。

←检查窗帘面料

观察窗帘面料表面是否存在毛刺、起球现象，轻微瑕疵可以用剪刀和毛球清理器处理。如果出现比较明显的脱线、镂空需要退回厂家更换。

←检测窗帘遮光性

遮光效果较好的窗帘正反面的面料都是一样的，表面会有装饰图案的压绒花纹，仔细观察正、反两面即可得出这种结论。

←检查窗帘褶皱

将遮光窗帘挤压折叠后会发现褶皱特别均匀，缝隙自然，松开后弹性很好，也能很快恢复原貌。

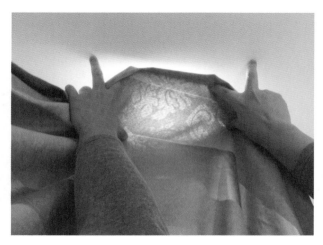

←检测透光率

所有布艺面料都存在一定的透光性，不同的只是遮光效果的强弱。可以将窗帘展开放在射灯下近 距离照射，透光率在 50％ 以下即可说明遮光性不错，在日常使用中，能遮挡 90％以上的窗外光。

←观察卷帘边缘

卷帘主要观察边缘是否存在开裂或毛刺，这些会导致窗帘在日后使用中断裂，造成彻底损坏而无法使用，可以用打火机轻度烘烤窗帘边缘，使其软化紧密。

←检测卷帘闭合状态

质量最好的百叶窗帘应当是不锈钢叶片，但是不锈钢材质价格较高，弯折后容易留下折痕，百叶窗帘的质量好坏可以看开关旋钮棒，观察转动旋钮棒后百叶窗帘的闭合程度是否紧密。

←检测拉绳好坏

拉绳也是百叶窗帘的质量关键，拉扯过程中注意观察百叶上升、下降的平顺度与同步性，优质产品应当左、右两端同步上下，且能随时锁止窗帘开启幅度。

←穿杆垂挂窗帘

穿杆垂挂窗帘验收时需注意检查罗马杆安装是否牢固，罗马杆安装高度是否一致等。

←挂钩垂挂窗帘

挂钩垂挂窗帘验收时要注意检查挂钩是否有裂痕，窗帘的褶皱间距是否恰当以及窗帘的垂感是否达到要求。

←电动垂挂窗帘

电动窗帘验收时主要看窗帘的开合速度以及电动机的耗电量，同时还需检查窗帘安装是否合理。

←卷筒窗帘

卷筒窗帘验收主要看拉合速度以及确定拉合无卡顿，同时还需检测窗帘的遮光性和透气性。

←百叶窗帘

百叶窗帘验收时除检测透气性和遮光性外，还需仔细观察窗帘叶片，确定叶片无损坏，且能很好地起到遮挡隐私的作用。

本章小结：

安装窗帘是一件需要极大耐心的事情，这不仅仅指安装时对配件的各种检查，同时还包括对安装角度的矫正等。不同窗帘的安装有异曲同工之处，窗帘安装之后的质量检测则赋予了窗帘更多的保障性，这是目前窗帘行业必不可少的一项工程。

Chapter 9
窗帘要定期维护保养

学习难度： ★★☆☆☆

重点概念： 窗帘清洗、窗帘保养、窗帘细节处理

章节导读： 不同材质窗帘的清洗与保养方法是不同的，例如广告布上的灰尘可以用抹布直接蘸水擦除，丝绒布料的窗帘则要用专用的清洗剂清洗，而类似于玻璃纱这类质地比较薄的布料，不是很脏的话则可以直接用温水和洗衣粉的溶液或者肥皂水清洗等。了解这些关于窗帘保养、清洗的小知识，对于今后的生活会大有用处。

9.1 依据面料选择合适的清洗方法

定期进行窗帘的清洗工作能更好地延长窗帘使用寿命，但必须注意不同布料的窗帘要采用不同的清洗方法，不可一概而论，以免因使用了错误的清洗方法而损坏了窗帘。

9.1.1　清洗前的拆卸工作

在清洗窗帘之前，拆卸窗帘需要洗涤的一部分也是非常重要的过程，需要重视的是拆卸窗帘前要用鸡毛掸子和吸尘器仔细清除窗帘表面的灰尘，要使用专业工具来拆卸窗帘，假若遇到一些部位卡死的情况，不能用蛮力掰开，要耐心地拆开周边卡顿处并取出窗帘布进行清洗。

S钩式窗帘拆卸需利用小型铝合金梯子，拆卸时直接将窗帘从窗帘杆上摘下来即可。穿杆式窗帘的窗帘杆支架如果是死扣，在拆卸时则需用改锥将固定在窗帘杆支架的螺丝拧松后，将窗帘杆摘下，这样穿杆式窗帘就摘卸下来。

↑ S钩式窗帘

↑穿杆式窗帘支架

左：S钩式窗帘拆卸时要将附在窗帘最上端背面100mm处的四爪钩或者S钩摘下来，以免洗涤的过程中破坏窗帘的完整度。

右：穿杆式窗帘的支架如果是开口的，拆卸时可以直接用手将窗帘杆朝开口方向推起放到一边，然后再将帘子摘下来清洗。

S钩和四爪钩的窗帘将钩子摘下来之后，就可直接放在洗衣机里加入洗涤剂清洗了，清洗时要注意不要用洗衣机加强档来清洗，用轻柔档就好。穿杆式窗帘在洗涤过程中，建议用绳子将有环的一端窗帘扎起来，这样清洗时窗帘就不会在洗衣机里晃来晃去了，也减少了拉环之间的碰撞，有效地延长了窗帘的使用寿命。

9.1.2　不同材质窗帘的清洗工作

　　窗帘材质不同，清洗方法也不同，我们可依据这些窗帘材质的特点来选择适合的清洗方法，一般在夏季窗帘建议2个月清洗1次，洗完后尽量自然风干，不要脱水或者烘干，烘干可能会影响窗帘的质感以及其收缩度；也不要暴晒，暴晒会缩短窗帘的使用寿命。

↑ 使用吸尘器进行窗帘的清洁

窗帘最好用吸尘器每周除尘一次，尤其要注意去除棉织窗帘折叠处堆积的灰尘，这样有助于后期的深层次清洗。

↑ 广告布窗帘的清洁

使用广告布制作的窗帘沾染上污渍时，可以先用干净的抹布蘸水擦干净，为了不留下印记，最好从污渍外围开始擦拭。

1. 普通布料窗帘

　　这里所说的普通布料指的是没有添加其他成分的纯布料，这种布料价格比较便宜，综合性能属于中等水平，使用频率在中等范围内。

←普通布料窗帘清洁

普通布料做的窗帘，可用湿布擦洗，也可按常规方法放在清水中或洗衣机里用中性洗涤剂清洗。此外，易缩水的普通面料尽量还是干洗比较好，因为在洗涤的过程中会有缩水严重的情况，建议交由专业店清洗。

2. 棉麻窗帘

棉麻是一种较为粗厚的棉织物，这种织物具有很强的坚韧性，同时也具备很好的防水性，棉麻窗帘便是用这种布料制作而成的，棉麻窗帘清洗后难干燥，因此不宜在水中直接清洗，宜用海绵蘸些温水或肥皂溶液来回擦拭，待晾干后卷起来即可。

↑棉麻窗帘清洗一

清洗棉麻窗帘时可以加入少量的衣物柔顺剂，这样可以让窗帘在清洗后更加柔顺、平整。

↑棉麻窗帘清洗二

棉麻布料的窗帘不宜直接放入洗衣机清洗，一般以局部干洗为主，晾晒时要轻轻将窗帘扯平，这是为了使窗帘干燥后不会起多余的褶皱。

3. 绒布窗帘

绒布窗帘的吸附力强，卸下来之后，需要找个空地将窗帘抖一抖，将附着在绒布上的灰尘抖掉之后再进行后续的清洗。此外，绒布窗帘不建议用洗衣机清洗，人工手洗会更利于窗帘使用寿命的延长。

←绒布窗帘清洁

清洗时要将绒布窗帘放入含有清洁剂的水中浸泡 15 分钟左右再清洗，洗净之后也不能用力拧干，最好是放到一边让水分自然滴干后再进行晾晒。

下面主要介绍静电植绒布窗帘和天鹅绒窗帘的清洗方法。

（1）静电植绒布窗帘。由遮光面料制作而成的窗帘，本身不太容易脏，无须经常清洗，其植绒方式可以分为植绒机流水线式植绒、箱式植绒及喷头式植绒。

静电植绒布窗帘在清洗时一定不能将窗帘泡在水中揉洗或刷洗。如果绒布过湿，一定不要用力拧绞，以免绒毛脱掉，影响窗帘的美观。静电植绒布窗帘正确的清洗方法应该是用双手压去水或让其自然晾干，这样也可以保持植绒面料的原貌。

静电植绒布窗帘的窗帘头和帷幔清洗一般是用清水浸湿，再用加入小苏打的温水洗涤，然后用温和的洗衣粉水或肥皂水洗两次，清洗时要轻轻揉洗，最后再用清水漂洗。晾晒时要将窗帘整理平整，放在干净的桌子上或者框架上晾晒。

（2）天鹅绒窗帘。天鹅绒窗帘吸附性比较强，清洗时要先将窗帘抖一抖，这样可以使一些尘土自然的掉落，然后将天鹅绒窗帘放在中碱性清洁液中浸泡15分钟左右，用手轻压，洗净后在放在斜式架子上轻拧，拧的时候也不要用力，使水分自然滴干即可。

↑静电植绒窗帘清洗

静电植绒布窗帘在日常使用中如果有污渍，一般只需用棉纱布蘸上酒精或汽油轻轻地擦洗就可以了。

↑天鹅绒窗帘清洗

天鹅绒窗帘在日常清洗中可用抹布蘸些温水溶开的洗涤剂或少许氨溶液擦拭，注意不能泡水刷洗。

★窗帘小知识

窗帘清洗注意事项

清洗后的窗帘要好好整理，刚洗涤完的窗帘会显得皱皱巴巴的，没有美感，晾晒时尽量让其自然风干。在其干燥之后，要将窗帘一缕一缕地整理好，然后用绑带系好，到了使用的时候再打开，就会如刚做的时候一样立体，也可以使用简易式水蒸气电熨斗直接熨烫。

4. 百叶帘

百叶帘在日常清洗中要先将窗户关好，在窗帘上喷洒适量清水或擦光剂，然后用抹布擦干，即可使窗帘保持较长时间的清洁光亮。窗帘的拉绳处，可用一把柔软的毛刷轻轻刷洗。

实木百叶帘在清洗时要注意避免被水浸泡，否则会变形、开裂，对于这类百叶帘，清洗时首先应通过旋转百叶窗旋杆将叶片关闭，使叶片处于一个平面后，再用除尘掸拂去表面灰尘，一面操作完后再将叶片旋至另一面，同样先掸掉浮尘，然后开启叶片，如此反复，直至清理干净。

←百叶帘清洁

可以借助旧袜子或手套握住每一条叶片，从左到右擦拭百叶帘，这样可以很有效地将擦拭百叶帘的工作量减半，而且也方便操作。此外，还可选择使用鸡毛掸子来进行百叶帘的基础清洁。

5. 卷帘

制作卷帘的材质有很多种，例如广告布、普通布、纤维布等，在清洗卷式窗帘时，可以在卷帘上蘸洗涤剂清洗，但在清洗时要注意四周容易吸附灰尘的部位，灰尘过多的地方可以用软刷将其去除，然后再用清水擦拭清洗，还可以喷些擦光剂，使卷帘在较短时间变得干净。

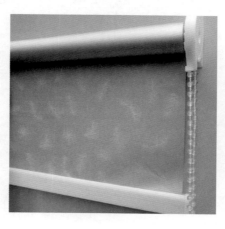

←卷帘清洁

由于卷帘比较难组装，因而只能间接地在卷帘上蘸洗涤剂清洗，必要时还是建议将卷帘拆卸下来进行深层次的清洗，卷帘的拉绳也要进行清理，拉珠可以用蘸有洗涤剂的软布进行擦拭。

6. 水晶窗帘

　　水晶窗帘是由一串串水晶珠组成的，拨动时声音清脆，样式美观，在清洗水晶窗帘时尽量不要用水洗或湿布擦拭清洁水晶，如果要清洁水晶窗帘可以用轻软而不含绒毛的干布料擦拭清洁水晶，擦拭时要注意不要太过用力。如果水晶窗帘比较脏，可以水洗，用普通的清洗液兑水之后将拆下来的水晶窗帘放置其中，用软毛刷或手清洗后，再用清水冲洗干净，拿出风干，待半干时用软毛巾擦拭干净即可。

↑水晶窗帘清洁一

清洗水晶窗帘的珠帘绑带时要轻拿轻放，最好在清洗盆中放置一块软布，以免水晶珠由于冲击力过大而碎裂。

↑水晶窗帘清洁二

当水晶窗帘表面起浮尘的时候，应该用吹拂的方式去除上面的灰尘，而不能用抚摸或外物擦拭。

★窗帘小知识

窗帘清洗后的处理工作

　　窗帘采用多种面料编织而成，清洗后各种面料缩水程度自然会有所不同，长期的日晒，会导致窗帘起球以及纱线凸起，在清洗干净后，要及时对窗帘进行手工拉伸还原，如果发现窗帘、纱线凸起，要沿着纱线纹理方向拉伸，建议从窗帘边缘向中心区域一段一段地拉伸，这样可以使纱线拉伸更加均匀。此外，在晾晒窗帘时，也要顺着拉伸的方向晾晒，即让纱线纹理与地面垂直，也能避免凸起处还原，晾干后要及时熨烫，保证窗帘的平整。

7. 其他窗帘

需要注意的是棉织窗帘不能使用含有漂白剂成分的洗涤剂，一般浸泡时间也不能超过0.5小时，水温不能超过30℃；蚕丝、竹纤维、化纤类窗帘均不能用高温水浸泡，蚕丝、竹纤维类窗帘机洗时不能甩干；绒类面料制成的窗帘清洗后表面一定要记得不能熨烫，熨烫会损坏其内部纤维，影响其使用寿命。所有窗纱洗涤干净后可以用牛奶浸泡一小时，再洗净自然风干，浸泡后的窗纱颜色会更加鲜亮。

↑花边窗帘清洗

饰有花边样式的窗帘不适合用力清洗，花边窗帘在清洗前可用柔软的毛刷轻轻扫过，将其表面灰尘去除。

↑飘窗窗帘清洁

飘窗台面上饰有木板的，窗帘建议间接洗涤，在窗幔上喷洒过量的清水，用抹布擦干即可。

←丝、毛等类窗帘清洗

真丝、丝绵、大豆纤维制成的窗帘不能使用含有生物酶的洗涤剂，建议用丝毛洗涤剂，洗涤时加点醋可以增加窗帘的光泽。羊毛、羊绒窗帘要注意避免长时间浸泡，同样也不能使用含有生物酶的洗涤剂，其他洗涤剂也要谨慎使用。

↑化纤面料窗帘清洗

化纤面料的窗帘清洗时比较省力省心，可以直接放入洗衣机中清洗，但要注意最好是常温洗涤，不能用高温水浸泡。

↑天蚕丝绣花窗帘清洗

天蚕丝绣花窗帘建议干洗，如果是用机洗的话不能甩干，清洗后要在通风避光处晾干，不能将之放在太阳下暴晒，可以低温熨烫。

↑纱质窗帘清洗

纱帘质地较细、轻柔，放入洗衣机中清洗时，可能会脱丝，建议先放入有洗涤剂的水中浸泡，然后再人工手洗。

↑罗马帘清洗

有凹凸感的罗马窗帘这一类面料同样建议干洗，水洗时少用含生物酶的洗涤剂长时间浸泡，建议用常温水洗涤，中温熨烫，用软毛刷刷洗。

↑竹帘清洗

竹质、木质帘一般已做过一层防潮处理，但仍然要预防潮湿的液体和气体，所以在清洁时切忌用水，一般用干布擦拭或用软毛刷轻刷清洁即可。

9.2 必要的窗帘保养

窗帘是否能够长期使用不仅在于购买的窗帘质量是否过关，后期的维护与保养也非常重要。

9.2.1 举例分析窗帘的保养方法

1. 控制好清洁时间

窗帘一般应该每周洗尘一次，尤其要注意清洁窗帘褶皱、窗帘边旗以及其他织物结构间的积尘。

2. 选择合适的清洗方法

清洗不同的窗帘需要不同的方法，例如普通面料窗帘可用湿布擦洗，但易缩水的面料或进口高档面料则建议选择干洗。

←麻质窗帘清洗

帆布或麻制成的窗帘可选用海绵配合温水或肥皂溶液清洁，待晾干后卷起来即可，注意洗净后应用手轻压，使水自动滴干，以使窗帘清洁如新。

3. 选择合适的清洗剂

清洗窗帘不能使用含有漂白成分的洗涤剂，尽量不要脱水和烘干，应选择自然风干，以免破坏窗帘自有的独特质感。

4. 控制好清洗水温

窗帘清洗时的水温应当控制在30℃以下，水温过高会导致窗帘严重缩水。

不同的窗帘有不同的保养方法，下面主要介绍隔音窗帘和水晶窗帘的保养方法。

1. 隔音窗帘

（1）由于隔音窗帘顶部的窗帘盒有卷装轴，在日常使用过程中要定期的检查，并仔细查看卷装轴是否能够顺利转动，会不会干涩或者卡顿等。

（2）隔音窗帘上、下都有滑槽，通过卷簧和下降拉索或者上升拉索驱动窗帘的上下移动，使用时应当用专用的润滑油使窗帘保持顺畅的滑行环境。

（3）尽量避免在大风天使用，在大风天最好是关窗之后再拉下隔音窗帘，以免影响隔音窗帘上下固定的滑槽。

（4）注意做好日常的除尘工作，不可让窗帘的滑槽里积尘，否则容易造成窗帘卡顿甚至损坏。

2. 水晶窗帘

（1）安装位置。水晶窗帘不可悬挂于阁楼或地窖等环境恶劣的场所，要避免强烈的阳光照射，否则水晶窗帘会容易变色，影响色彩和美观。

（2）避免与油污接触。碰触水晶窗帘前要保持手的洁净，不要让水晶珠沾上油脂污垢等，否则容易留下污渍，破坏水晶窗帘的外观。

（3）保持干燥。尽量避免水晶窗帘与水或者有腐蚀作用的液体接触，水晶窗帘处于潮湿的环境中，会出现不好看的花斑。

（4）注意开合力度。水晶的质地比较脆，平时要注意防止重压、碰撞和高温，不要与硬物接触以免水晶珠被划伤。在平时掀拉窗帘的时候要控制用力大小，不要过度用力拉扯窗帘，力度过大容易造成窗帘上的水晶串链条断开。

←水晶窗帘保养

平时保养水晶窗帘上的人造水晶时不要轻易使用市面上出售的珠宝清洁剂或超声波清洁仪，以免造成水晶褪色与氧化。

9.2.2 了解窗帘洗涤常识

在清洗窗帘之前要仔细阅读窗帘底侧或两边的洗涤标志说明，有一部分窗帘是不需要经常清洗的，这一点要注意，同时为了避免灰尘累积从而影响色彩的效果，布艺窗帘建议半年或者一年左右洗涤一次（见表9-1）。

表9-1　窗帘布料洗涤方法

图例	洗涤方法
○	该窗帘布料可干洗
ⓟ	该窗帘布料可用各种干洗剂干洗
⊔	该窗帘布料可用冷水机洗
⊔	该窗帘布料可用温水机洗
⊔	该窗帘布料可用热水机洗
◁	该窗帘布料可用低温熨烫
◁	该窗帘布料可用中温熨烫
◁	该窗帘布料可用高温熨烫
▲	该窗帘布料不可漂白
⊗	该窗帘布料不可转笼干燥
▢	该窗帘布料应该悬挂晾干
▭	该窗帘布料应该平放晾干

9.3　窗帘的细节处理

　　刚买回来的窗帘一般都会有异味，使用时会令人感觉到不舒服，因此，需要对窗帘做一个小小的处理，使其使用起来更卫生、更环保。

9.3.1　做好清洗与通风

1. 基础清洗

　　制作窗帘时必定会用到化学添加剂，所以甲醛是肯定会存在的。由于甲醛是溶于水的，通过清洗窗帘可以有效地去除窗帘中的部分甲醛，如果清洗完以后没有味道了，但是挂上一段时间以后窗帘又有味道了，说明室内空间中存在有其他的污染源，需要另外处理。

↑窗帘基础清洗一

布艺窗帘具有吸附功能，如果室内有污染源，窗帘则会吸附空气中被污染的气体，因此需经常清洗窗帘。

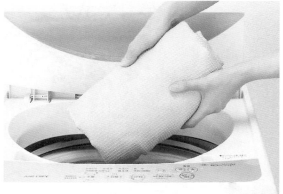

↑窗帘基础清洗二

如果在家中清洗窗帘，可以先用软刷对局部进行刷洗，然后放入洗衣机内浸泡十几分钟后再洗涤。

2. 通风

　　安装窗帘后要每天开窗通风，通过空气的流动，将有害气体排到室外，这也是一种最简单有效的方法，唯一不好的地方就是甲醛净化的周期比较长。

9.3.2 采取相应措施吸附窗帘异味

1. 活性炭包吸附

活性炭具有很强的吸附能力，在使用初期效果非常好，这是因为活性炭的孔隙具有吸附力，孔径越小，吸附能力会越强。此外，活性炭在经过高温暴晒后是不能继续使用的，基本上一个月之后活性炭包的吸附能力就会大大减弱，因而要达到长期除菌以及去除窗帘异味的作用就必须要定期更换活性炭包。

2. 摆放绿色植物

室内可以摆放一些吊兰、虎尾兰、常春藤等绿植，这些绿植比较容易养护，外观也比较有观赏性，并且适应能力强，可吸收室内 80% 以上的有害气体，吸收甲醛的能力超强。这些绿植在放置一段时间后要注意查看其叶脉是否已经收缩、枯黄，如有此类现象，则说明室内甲醛含量有所减少。

←吊兰

长吊兰有绿色净化器的美称，因而一般房间建议放置 1 ~ 2 盆吊兰，可以很大程度上吸收 空气中的有毒气体。

←常春藤

常春藤的枝蔓细弱而柔软，聚气生根，能攀爬在其他物体上，它可以有效地分解存在于布质窗帘中含有的甲醛。

↑窗帘旁放置绿植

在客厅窗帘旁放置植物，既能使整个客厅看起来充实而又不拥挤，还能净化客厅环境，绿色植物也能有效地使人放松心情。

↑自制清洁喷雾剂

在水中加入少量的酒精、小苏打和精油，就可以配制成简易的清洁喷雾剂，轻轻地喷洒在窗帘上，可以有效地去除灰尘和异味。

本章小结：

　　窗帘的维护和保养十分重要，在清洗窗帘时要明确有些窗帘布料因材质特殊或者编织方式较特殊，最好还是送到专业的干洗店干洗，切勿水洗，以免布料损坏或变形。此外，窗帘的配件等也需经常进行清洗，这也能更好地延长窗帘的使用寿命，增强窗帘的装饰效果。

参 考 文 献

[1] 杰姬·冯·托贝尔. 窗饰设计. 沈阳：辽宁科学技术出版社，2018.

[2] （英）温迪·贝克. 窗饰设计百科. 刘俊玲，吕萌萌，冷雪昌（译）. 南京：江苏凤凰科学技术出版社，2016.

[3] （美）查尔斯·T·兰德尔. 窗饰设计手册. 凤凰空间译. 南京：江苏人民出版社，2012.

[4] （英）希瑟·卢克（著）. 巧做窗帘. 邓涛，曾向红（译）. 南宁：广西科学出版社，1999.

[5] 刘清彦，卡洛尔·怀塔克. 窗帘与遮阳布的选择与制作. 北京：中国轻工业出版社，2000.

[6] （德）伊拉莎白伯考. 软装布艺搭配手册. 南京：江苏科学技术出版社，2014.

[7] 杜玉铎，李秀英. 家居布艺. 北京. 机械工业出版社，2010.

[8] 海英. 窗帘的款式与制作. 南宁. 广西科学技术出版社，2000.

[9] 王巍. 雅致窗帘. 长沙：湖南科技出版社，2011.

[10] 皇家布艺. 新款窗帘精选. 广州：广东人民出版社，2010.

[11] 数码创意. 软装饰家窗帘. 北京：中国电力出版社，2015.

[12] 深圳市金版文化发展有限公司. 中国精品窗帘：布艺设计大师作品集. 海口：南海出版公司，2008.

[13] 邓玲. 软装设计搭配布艺窗帘. 北京：中国林业出版社，2018

[14] 柳檀. 流行家居布艺：窗帘布艺. 广州：广东经济出版社，2006.

[15] 上海服饰编辑部. 家居布艺制作. 上海：上海科学技术出版社，2001.